TensorFlowで学ぶ
機械学習・ニューラルネットワーク

Nishant Shukla [著]　岡田佑一 [訳]

Machine Learning with TensorFlow
©2018 by Manning Publications Co. All rights reserved.

Original English language edition published by Manning Publications, USA
Copyright © 2017 by Manning Publications.
Japanese-language edition copyright © 2018 by Mynavi Publishing Corporation. All rights reserved.
Japanese translation and electronic rights arranged with Waterside Productions, Inc. through Japan UNI Agency, Inc., Tokyo

- ●原著サポート、ソースコードのダウンロード
  - 公式サイト（英語）　https://www.manning.com/books/machine-learning-with-tensorflow
  - GitHubリポジトリ　https://github.com/BinRoot/TensorFlow-Book
  - ※サイトの運営・管理はすべて原著出版社と著者が行っています。本書記載のコードリストはTensorFlow v1.0に準拠しています。GitHub公開のソースコードはv1.5での動作を確認しています。

- ●本書の正誤に関するサポート情報を以下のサイトで提供していきます。
  - https://book.mynavi.jp/supportsite/detail/9784839963620html

- ・本書は2017年12月段階での情報に基づいて執筆されています。
- ・本書に登場する製品やソフトウェア、サービスのバージョン、画面、機能、URL、製品のスペックなどの情報は、すべてその原稿執筆時点でのものです。執筆以降に変更されている可能性がありますので、ご了承ください。
- ・本書に記載された内容は、情報の提供のみを目的としております。したがって、本書を用いての運用はすべてお客様自身の責任と判断において行ってください。
- ・本書の制作にあたっては正確な記述につとめましたが、著者や出版社のいずれも、本書の内容に関してなんらかの保証をするものではなく、内容に関するいかなる運用結果についてもいっさいの責任を負いません。あらかじめご了承ください。
- ・本書に記載されている会社名・製品名等は、一般に各社の登録商標または商標です。本文中では©、®、™等の表示は省略しています。

序文

　私の世代の多くの人々と同様、私はいつも最新のインターネット動向に夢中になっていました。2005 年頃、FARK、YTMND、Delicious のエンターテイメントやニュースでいつも楽しんでいたことを思い出します。今は Reddit や Hacker News の間を行ったり来たりしていますが、2015 年 11 月 9 日に TensorFlow の大々的なデビューを目の当たりにしました。記事は Hacker News のトップページの最上部に現れ、何百というコメントが付きました。その熱気はウェブサイト上の何もかもが霞んで見えるほどでした。

　当時、機械学習ツールは既にライブラリが乱立した状態でした。エコシステムは、学術ラボの実験的なソフトウェアパッケージと業界大手の独自のソリューションに依存していました。Google が TensorFlow を発表したとき、コミュニティの反応はさまざまでした。Google には、愛されてきたサービス（Google Reader、iGoogle、Knol、Google Wave など）を終了させる歴史をもつ一方で、オープンソースプロジェクト（Android、Chromium、Go、Protobuf など）を育成した歴史もありました。

　TensorFlow を採用するかどうかについては賭けでした。多くの人はライブラリが開発されるまで待つことにしましたが、すぐに飛びついた人もいました。私は公式のドキュメントを通じて基礎をマスターし、UCLA の博士研究にこの技術を適用する準備ができました。TensorFlow のドキュメントがまさか書籍になるとは思いもせず、ただ一生懸命にノートを書き溜めました。

　ちょうどその頃、私は Haskell Data Analysis Cookbook（Packt Publishing、2014）の著者であったため、Manning Publications の編集者から、新規に Haskell 本を出版する価値があるかの調査の一環として、意見を求められることがありました。「話は変わりますが、TensorFlow という Google の新しい機械学習ライブラリをご存知ですか？」そう答えたときから、あなたが今読んでくださっている本を書く旅が始まったのです。

　本書は従来のように目次から始まり、機械学習の書籍で期待されそうなテーマを取り上げましたが、オンラインチュートリアルが不足している話題もカバーするように発展しました。たとえば、隠れマルコフモデル（HMM: Hidden Markov Hodels）と強化学習（RL: Reinforcement Learning）の TensorFlow 実装をオンラインで見つけることは困難です。本書の編集を繰り返すたびに、既存のソースが不足しているような概念を導入していきました。

　オンラインの TensorFlow チュートリアルは、機械学習の技術を探究したい初心者にとっては、簡単過ぎたり難し過ぎたりすることがあります。本書の目的は、そのギャップを埋めてしまうことであり、それがうまくできている信じています。機械学習や TensorFlow を初めてお使いの方は、本書の地に足の着いた勉強法をお試しください。

謝辞

　この本を執筆した心からの満足感、その元は私の家族 Suman（母）、Umesh（父）、Natasha（姉）からのサポートにたどり着きます。家族の幸福と誇りは常に伝わりあうのです。

　私の大学の近しい友人：偉大なる DJ たち・Alex Katz、Anish Simhal、Jasdev Singh、John Gillen、Jonathon Blonchek、Kelvin Green、Shiv Sinha、Vinay Dandekar より執筆の数ヶ月にわたる心からのサポートがありました。

　私の大親友である Barbara Blumenthal、銀河、星雲、クジラをピンクのリボンで結びつけてくれてありがとう。あなたは私の現実逃避となり、執筆の行き詰まりをケアしてくれました。

　私が Reddit（r/artificial、r/machinelearning、r/Python、r/Tensor-Flow、r/Programming）と Hacker News に投稿した記事は注目を集め実りあるものとなりました。オンラインコミュニティから受け取った記事へのフィードバックの中に驚くべきものがあったことを認めます。Manning 公式の書籍フォーラムに投稿し、GitHub リポジトリに貢献した人に感謝します。さらに加え Aleksandar Dragosavljević の率いる素晴らしい技術的ピアレビューア・グループ、Nii Attoh-Okine、Thomas Ballinger、John Berryman、Gil Biraud、Mikael Dautrey、Hamish Dickson、Miguel Eduardo、Peter Hampton、Michael Jensën、David Krief、Nat Luengnaruemitchai、Thomas Peklak、Mike Staufenberg、Ursin Stauss、Richard Tobias、William Wheeler、Brad Wiederholt、Arthur Zubarev に感謝しています。彼らからは、技術的な間違い、用語の誤り、およびタイプミスの発見、そしてトピック提案の作成などで貢献いただきました。それぞれはレビューのプロセスとフォーラムのトピックを通じたいくつかのフィードバックというかたちで著者に届き、原稿を形づくりました。

　本書のシニアテクニカルエディタとして活躍した Ken Fricklas、技術開発エディター Jerry Gaines、そして技術校正者 David Fombella Pombal に特別な感謝を申し上げます。彼らは私が望みうる限り最高の技術編集者達です。

　最後に、この本の出版を可能にした Manning Publications の皆さん：発行者 Marjan Bace とすべての編集＆プロダクションチーム、Janet Vail、Tiffany Taylor、Sharon Wilkey、Katie Tennant、Dennis Dalinnik、舞台裏で働いていたすべての皆さまに感謝したいと思います。Manning での多くの方々とすべての交流を担当した、この本の編集制作 Toni Arritola に最大の感謝を捧げます。この出版までのプロセスを通じた彼女の持続的な指導と教育は、この本を幅広く読者に届けることとなりました。

本書について

あなたが機械学習を始めたばかりの方でも、TensorFlow を初めて使う方でも、本書はあなたにとって究極のガイドになります。コードを理解するには Python を用いたオブジェクト指向プログラミングに関する知識が必要ですが、それ以外は基本から機械学習について説明します。

本書の構成

本書は 3 部構成になっています：

- Part 1（第 1 部）は、機械学習の内容と TensorFlow の重要な役割についての話題から始まります。1 章では機械学習の用語と理論を紹介し、第 2 章では TensorFlow の利用を開始するために必要なことをすべて解説します。

- Part 2（第 2 部）では、長い年月を経て確立された基本的なアルゴリズムについて説明します。第 3〜6 章では章ごとに、回帰、分類、クラスタリング、隠れマルコフモデルについて説明します。これらのアルゴリズムは、機械学習のあらゆる分野で見かけることになるでしょう。

- Part 3（第 3 部）では、TensorFlow の真価であるニューラルネットワークについて解説します。第 7〜12 章では章ごとに、自動エンコーダ、強化学習、畳み込みニューラルネットワーク、再帰型（リカレント）ニューラルネットワーク、シーケンス変換モデル、効用について紹介します。

機械学習について経験豊富で相当手慣れた TensorFlow ユーザーでない限りは、最初に第 1 章と第 2 章を読むことを強くお勧めします。経験者の方は興味のあるテーマをご自由にご覧ください。

ソースコード

本書の知識は不朽の価値があるものです。コミュニティのおかげで、コードリストもあります。これらは本書の Web サイト https://www.manning.com/books/machine-learning-with-tensorflow で入手できます。また、このソフトウェアは本書の公式 GitHub リポジトリ https://github.com/BinRoot/TensorFlow-Book で最新の状態に保たれます。プルリクエストを送信したり、GitHub を通じて新しい問題を報告することで、リポジトリに貢献してください。

印刷版書籍読者の皆様へ

(訳注：原著はモノクロ印刷でしたが、翻訳された本書はカラー印刷となっています)

　本書の画像の中には、カラーで見た方が良いものもあります。電子書籍版ではカラー画像が表示されるため、必要に応じて参照してください (画像自体はすべて無料でご覧いただけます)。無料の電子書籍を PDF、ePub、Kindle 形式で入手するには、https://manning.com/books/machine-learning-with-tensorflow にアクセスして書籍を登録してください。

ブックフォーラム

　本書をご購入いただくと、Manning Publications (マニング・パブリケーションズ) が運営するウェブフォーラムへ無料でアクセスしていただけます。このページでは、書籍に関するコメントをしたり、技術的な質問をしたり、著者や他のユーザーからヘルプを受け取ることができます。フォーラムにアクセスするには、https://forums.manning.com/forums/machine-learning-with-tensorflow にアクセスしてください。また、Manning のフォーラムと行動規範の詳細については、https://forums.manning.com/forums/about を参照してください。

　読者同士、読者と著者の間で、有意義な対話を行うことのできる場所を、Manning は読者の皆様に責任を持って提供します。著者側がある程度参加し、自発的に (無報酬で) フォーラムへの貢献することを確約するということではありません。著者の興味を引きそうな、答えがいのある質問をしてみることをおすすめします！フォーラムや過去の議論の記録は、書籍が出版されている限りは出版社のウェブサイトからアクセスできます。

カバーについて

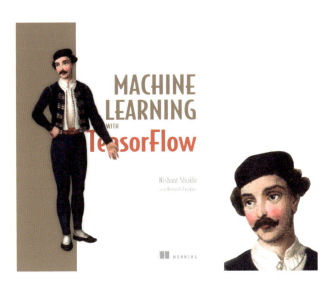

　本書『TensorFlowで学ぶ機械学習・ニューラルネットワーク』のカバーイラストには「クロアチア・ダルマチア パグ島の男」という説明文がついています。クロアチア・スプリトにある古代博物館の初代館長で考古学者・歴史家の Frane Carrara 教授（1812-1854）による、ダルマチア地方の19世紀の衣装コレクションと民族の本にある解説で、2006年の再出版物からこのイラストが複製されました。紀元前304年の遺跡・ディオクレティアヌス帝の退役宮殿で古代ローマの核であるスプリトの中心地にある民族誌博物館（旧古代博物館）の図書館員の助けを借りイラストを入手しました。この本にはダルマチアのさまざまな地域の人物のイラスト、衣装と日常生活の説明が添えられています。

　服装は19世紀以降変化しており、その当時の地域ごとの豊かな多様性は消え去っています。さまざまな都市の住人を他の町や地域と区別することは今はもはや難しくなっています。おそらく、より多様的な個人的な生活のため、急速に進む技術的な生活と文化的多様性とを交換してきたのかもしれません。

　あるコンピュータの本と他のコンピュータの本とを見分けるのは難しいことですが、Manning Publications は2世紀前の豊かな地域生活の多様性に基づいた本の表紙を使っています。このようなコレクションのイラストで人々の生活を思い起こさせることで、コンピュータビジネスの発明性と主導力を賞賛しています。

目次

序文 ……… iii
謝辞 ……… iv
本書について ……… v
カバーについて ……… vii

Part 1　機械学習に必要なもの ……………………………………………… 1

1　機械学習の旅 ……… 3

1.1　機械学習の基礎 ……… 5
　　　パラメータ ……… 7　■　学習と推論 ……… 8
1.2　データ表現と特徴 ……… 9
1.3　距離の測定方法 ……… 15
1.4　学習のタイプ ……… 17
　　　教師あり学習 ……… 17　■　教師なし学習 ……… 19
　　　強化学習 ……… 19
1.5　TensorFlow ……… 21
1.6　今後の章の概要 ……… 22
1.7　まとめ ……… 24

2　TensorFlow の必需品 ……… 25

2.1　TensorFlow の動作を保証する ……… 27
2.2　テンソルを表す ……… 28
2.3　演算子の作成 ……… 32
2.4　セッションでの演算子の実行 ……… 34
　　　コードをグラフとして理解する ……… 35　■　セッション構成 ……… 36
2.5　Jupyter でのコードの記述 ……… 38
2.6　変数の使用 ……… 41
2.7　変数の保存と読み込み ……… 43
2.8　TensorBoard を使用したデータの視覚化 ……… 44
　　　移動平均法の実装 ……… 44　■　移動平均の視覚化 ……… 46
2.9　まとめ ……… 49

Part 2　主要な学習アルゴリズム ……… 51

3 線形回帰とその先 ……… 53

- 3.1 公式表記法 ……… 54
  - 回帰アルゴリズムが動作していることをどのように知るか ……… 57
- 3.2 線形回帰 ……… 59
- 3.3 多項式モデル ……… 62
- 3.4 正則化 ……… 65
- 3.5 線形回帰の活用 ……… 69
- 3.6 まとめ ……… 70

4 クラス分類の簡単な紹介 ……… 71

- 4.1 正式記法 ……… 73
- 4.2 性能の測定 ……… 75
  - 精度 ……… 75　■　適合率と再現率 ……… 76　■
  - 受信者動作特性曲線 ……… 77
- 4.3 分類に線形回帰を使用する ……… 78
- 4.4 ロジスティック回帰の使用 ……… 83
  - 1次元ロジスティック回帰の解法 ……… 84　■
  - 2次元ロジスティック回帰の解法 ……… 87
- 4.5 マルチクラス分類器 ……… 91
  - 1対全 ……… 92　■　1対1 ……… 92
  - ソフトマックス回帰 ……… 92
- 4.6 分類の活用 ……… 96
- 4.7 まとめ ……… 97

5 自動的にデータをクラスタリングする 99

- 5.1 TensorFlow でのファイルの走査 100
- 5.2 音声からの特徴抽出 102
- 5.3 k 平均クラスタリング 106
- 5.4 音声のセグメンテーション 109
- 5.5 自己組織化マップを使用したクラスタリング 112
- 5.6 クラスタリングの活用 117
- 5.7 まとめ 118

6 隠れマルコフモデル 119

- 6.1 解釈不可能なモデルの例 121
- 6.2 マルコフモデル 121
- 6.3 隠れマルコフモデル 124
- 6.4 前向きアルゴリズム 126
- 6.5 ビタビ復号 129
- 6.6 隠れマルコフモデルの使用 130
    - 動画のモデリング .... 130 ■ DNA のモデリング 130
    - 画像のモデリング 131
- 6.7 隠れマルコフモデルの活用 131
- 6.8 まとめ 132

Part 3 ニューラルネットワークの実例 133

7 自動エンコーダの中身 135

- 7.1 ニューラルネットワーク 136
- 7.2 自動エンコーダ 140
- 7.3 バッチ訓練 145
- 7.4 画像を用いて作業する 146
- 7.5 自動エンコーダの応用 151
- 7.6 まとめ 152

8 強化学習 153

- 8.1 正式な概念 155
    - ポリシー .... 156 ■ 効用 157
- 8.2 強化学習の適用 158
- 8.3 強化学習の実装 160
- 8.4 他の強化学習アプリケーションの探求 167
- 8.5 まとめ 168

9 畳み込みニューラルネットワーク ……… 169

- 9.1 ニューラルネットワークの欠点 ……… 170
- 9.2 畳み込みニューラルネットワーク ……… 171
- 9.3 画像の準備 ……… 173
  - フィルタの生成 ……… 176 ■ フィルタを使用して畳み込む ……… 178
  - 最大プール（Max pooling）……… 181
- 9.4 TensorFlow における畳み込みニューラルネットワークの実装 ……… 182
  - パフォーマンスの測定 ……… 185 ■ 分類器の訓練 ……… 186
- 9.5 パフォーマンスを向上させるためのヒント ……… 187
- 9.6 畳み込みニューラルネットワークの応用 ……… 188
- 9.7 まとめ ……… 188

10 再帰型ニューラルネットワーク ……… 189

- 10.1 文脈の情報 ……… 190
- 10.2 再帰型ニューラルネットワークの紹介 ……… 191
- 10.3 再帰型ニューラルネットワークの実装 ……… 192
- 10.4 時系列データの予測モデル ……… 196
- 10.5 再帰型ニューラルネットワークの応用 ……… 199
- 10.6 まとめ ……… 200

11 シーケンス変換モデルを用いたチャットボット ……… 201

- 11.1 分類器と RNN の構築 ……… 202
- 11.2 seq2seq の仕組み ……… 205
- 11.3 記号のベクトル表現 ……… 210
- 11.4 実装の仕上げ ……… 212
- 11.5 対話データの収集 ……… 220
- 11.6 まとめ ……… 222

12 効用の特徴と活用 ……… 223

- 12.1 嗜好モデル ……… 226
- 12.2 画像埋め込み ……… 231
- 12.3 画像の順位付け ……… 235
- 12.4 まとめ ……… 239
- 12.5 次にすべきことは？ ……… 240

付録　インストール ……… 241

- A.1　Docker を使用した TensorFlow のインストール ……… 242
  - Windows 上で Docker をインストールする ……… 242 ■
  - Linux 上で Docker をインストールする ……… 243 ■
  - macOS 上で Docker をインストールする ……… 244 ■
  - Docker の使い方 ……… 244
- A.2　Matplotlib のインストール ……… 246

索引 ……… 247

著者について ……… 251

Part 1

機械学習に必要なもの

初めて縦列駐車を学ぶのは、一般的にはかなり難しいことです。最初の数日間は、ボタンやカメラの補助、エンジンの感度に慣れるのに費やされます。機械学習とTensorFlowライブラリについても、同じような手順で学ばなければなりません。顔検出や株式市場の予測の問題を解決するための最先端の戦略を適用する前に、まずツールを使いこなす必要があります。機械学習をマスターするための準備に向けて注意しておく点が2つあります。まず1つ目は、第1章で説明する、機械学習の用語と理論を理解する必要があるということです。研究者は、この分野でコミュニケーションを取るための共通の方法について、正確な専門用語と定式化を文献で明記しているので、混乱を避けるため、それに従うのがよいでしょう。2つ目は、TensorFlowを使いこなすことです。これは第2章で、知っておくべきことをすべて説明します。武士にはカタナがあり、ミュージシャンには楽器があり、機械学習者にはTensorFlowがあるのです。

1章　機械学習の旅

2章　TensorFlow の必需品

機械学習の旅

> **本章の内容**
> - 機械学習の基礎
> - データ表現、特徴、ベクトルのノルム
> - 既存の機械学習ツール

　皆さんはコンピュータプログラムが解決できるものに限界があるのか疑問に思ったことがありますか？　今やコンピュータは単に数学的方程式を解くだけのものではなくなりました。この半世紀で、プログラミングはタスクを自動化し時間を節約する究極のツールになりましたが、どれくらい自動化することができ、実際どのようにすればよいのでしょうか？

　コンピュータが写真を見て「あ、雨の中橋の上を歩く素敵なカップルがいますね」と言うことができるでしょうか？　ソフトウェアは訓練を受けた専門家と同じくらい正確に医学的判断を下すことができるでしょうか？　株式市場に関するソフトウェアの予測は、人間の推論よりも優れているでしょうか？　過去10年間の成果では、これらの問いへの答えはすべて「はい」であり、一般的な戦略を共有する実装ができそうであることを示唆しています。新たに利用可能な技術と結びついた最近の理論的進歩により、コンピュータにアクセスする誰もが、これらの非常に難しい問題を解決する際に独自のアプローチを試みることができるようになりました。さて、皆さんがこの本を読んでいるのはなぜですか？

　プログラマは、問題を解決するために複雑な詳細を知る必要がなくなりました。音声をテキストに変換することを考えてみてください。昔ながらのアプローチでは、多くの手作業と問題に特化した一般的でないコードを使いながら、発声を解読するため人間の声帯の生物学的構造を理解することが含まれます。今日では、十分な時間と例が与えられれば、単純に多くの例を見て問題の解決方法を見つけるコードを書くことが可能です。

　アルゴリズムは、人間が経験から学ぶ方法と同様に、データから学習します。人間は、本を読んだり、状況を観察したり、学校で勉強したり、会話を交換したり、ウェブサイトを閲覧したりすることによって学びます。機械はどのようにして学習可能な脳を発達させることができるでしょうか？　確かな答えはありませんが、世界レベルの研究者がさまざまな角度から知的なプログラムを開発しています。**機械学習**（ML: Machine Learning）という名前で標準化された分野につながるこれらの種類の問題を解決する際に、実装の中で学者は反復パターンに気づくようになりました。

　ML成熟の研究として、ツールはより標準化され、堅牢で、実行可能で、拡張性のあるものになっています。そこでTensorFlow（テンソルフロー）の出番です。これは、プログラマが複雑なMLのアイデアを使用するための直観的なインターフェイスを備えたソフトウェアライブラリです。次の章ではこのライブラリの詳細を説明し、その後各章でさまざまなMLアプリケーションに対してTensorFlowを使用する方法を説明します。

> **信頼できる機械学習出力**
>
> パターン検出は、もはや人間固有の特性ではありません。コンピュータのクロック速度とメモリが爆発的に増加したことで、これまでとは違った状況になりました。今やコンピュータは予測を行い、異変をキャッチし、項目にランク付けし、画像に対して自動的にラベルを付けることができます。この新しい一連のツールは、定義されていない問題に対して知的な解答を提供してくれますが、信頼性においてコストが少しかかります。心臓手術を行うかどうかといった、重要な医学的アドバイスを行うコンピュータアルゴリズムをあなたは信頼しますか？ 機械学習の解は 2 流であってはいけません。人間の信用は非常に壊れやすいものであり、アルゴリズムは疑問に対して強くなければならないのです。この章では細心の注意を払ってください。

1.1 機械学習の基礎

誰かに泳ぎ方を説明しようとしたことがありますか？ リズミカルな関節の動きや流体のパターンを記述するのは、途方もない複雑さです。同様に、いくつかのソフトウェアの問題は複雑すぎて、簡単に私たちの心を包み込むことができません。このために、機械学習は単なるツールにすぎません。

作業を行うためのアルゴリズムを注意深く手作業で行うのが、かつてはソフトウェアを構築するための唯一の方法でした。単純さの観点から、従来のプログラミングでは、入力ごとに確定的な出力が仮定されています。一方機械学習は、入出力関係が十分に理解されていない種類の問題を解決することができます。

> **フルスピードで前進！**
>
> 機械学習は比較的若い技術ですので、新たに発見された分野への道を切り開いていくユークリッド時代の地理学者を想像してください。あるいは自分自身が、機械学習の分野の一般相対性理論に相当するものをじっくり考えているニュートン時代の物理学者のつもりになってください。

機械学習は、以前の経験から学ぶソフトウェアによって特徴付けられるものです。より多くの例が利用可能になるにつれて、このようなコンピュータプログラムは性能を改善しています。この装置に十分なデータを投入すると、パターンを学習し、新たに入力された入力に対して知的な結果を得られることが期待されます。

機械学習の別の名前は**帰納学習**です。なぜならコードはデータのみから構造を推測しようとしているからです。それは外国で休暇を過ごし、ドレスアップの方法を真似るために地元のファッション雑誌を読んでいるようなものです。地元の服を着ている人々のイメージから文化のアイデアを開発することができます。あなたは帰納的に学んでいます。

帰納学習が必ずしも必要なわけではないため、以前のプログラミングでこのようなアプローチを使用したことはなかったことでしょう。2つの任意の数の和が偶数であるか奇数であるかを判断する処理を考えてみてください。確かに、数百万もある訓練の例（図1.1で概説）で機械学習アルゴリズムを訓練するのを想像することはできますが、それが過剰なことであるのは間違いありません。より直接的なアプローチで簡単に行うことができます。

入力		出力
$x_1 = (2, 2)$	→	y_1 = 偶数
$x_2 = (3, 2)$	→	y_2 = 奇数
$x_3 = (2, 3)$	→	y_3 = 奇数
$x_4 = (3, 3)$	→	y_4 = 偶数
...		...

図 1.1　整数のペアはそれぞれ合計すると偶数か奇数になる。リストされている入力と出力の対応関係は、**Ground-truth**（グランドトゥルース：正確さや整合性を表す）データセットと呼ばれる

例えば、2つの奇数の和は常に偶数になります。試しに2つの奇数を選んで足し合わせ、合計が偶数になっているか確認してみてください。その事実を直接証明できる方法は次のとおりです。

- 任意の整数 n について、式 $2n + 1$ は奇数を表す。さらに、任意の奇数はある値 n に対して $2n + 1$ として書き表すことができる。したがって、3 は $2(1) + 1$ と書くことができる。そして、5 は $2(2) + 1$ と書くことができる。
- n と m を整数とすると、$2n + 1$ と $2m + 1$ は2つの異なる奇数であると言える。2つの奇数を足し合わせると $(2n + 1) + (2m + 1) = 2n + 2m + 2 = 2(n + m + 1)$ となる。これは2の倍数が偶数であることから、偶数であると言える。

同様に、2つの偶数の和も $2m + (2n + 1) = 2(m + n)$ であることがわかります。最後に、$2m + (2n + 1) = 2(m + n) + 1$ から偶数と奇数の和が奇数であることも推測します。図1.2 は、この論理をより明確に示しています。

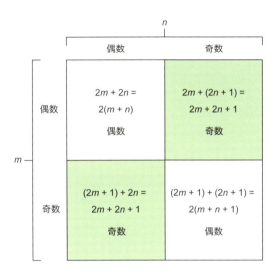

図 1.2　出力応答が入力ペアに対してどう対応しているかの内部ロジックを示す

それでおしまいです！　機械学習を全く使用しないで、与えられるどんな整数のペアでもこの問題を解決することができます。数学的なルールを直接適用するだけで解決できるのです。しかし、ML アルゴリズムでは内部論理を理解しにくい場合は、図 1.3 に示すように、それを**ブラックボックス**として扱うことができます。

図 1.3　問題を解決するための ML アプローチは、満足のいく結果が得られるまでブラックボックスのパラメータを調整することと考えられる

1.1.1　パラメータ

　入力を対応する出力に変換するアルゴリズムを考える最良の方法は複雑すぎる場合があります。たとえば、入力がグレースケール画像を表す一連の数字である場合、画像に表示されるすべての物体にラベルを付けるアルゴリズムを書くのは難しいと想像できるでしょう。内部の仕組みがよく理解されていない場合、機械学習は便利です。アルゴリズムの詳細をすべて定義することなく、ソフトウェアを書くためのツール群を提供してくれます。プログラマーは未定義の値を残して、機械学習システムがそれ自身で最良の値を把握できるようにすることができます。

　未定義の値は**パラメータ**と呼ばれ、その説明は**モデル**と呼ばれます。すべきことは、最良のモデルを目標にパラメータを最適に調整するため、既存の例を観察するアルゴリズムを書くことです。うわー、ちょっと大変そうですね！　でも心配しないでください。この考え方は再現性の高いモチーフになります。

> **洞察力がなくても、機械学習なら問題を解決できるかもしれない**
>
> 　帰納的問題解決の技術を習得することによって、我々は両刃の剣を使うことになります。ML アルゴリズムは、特定のタスクを解決するときにはうまくいくかもしれませんが、結果がなぜ得られるのかを理解するために推論のステップをたどることは、すぐにできないかもしれません。精巧な機械学習システムは何千ものパラメータを学習しますが、各パラメータの背後にある意味を知ることが主要な目的ではないこともあります。そのことを念頭に置いていただければ、皆さんの目の前に魔法の世界が広がっていくことをお約束します。

> **演習 1.1**　あなたが 3 ヶ月分の株価データを集めたとします。あなたは将来の動向を予測して、周囲を出し抜いて一儲けしてやりたいと考えています。ML を使わないとすると、この問題を解決するにはどうればよいですか？（8 章で説明しますが、この問題は ML テクニックを利用して考えることができます）。
>
> **解答**
> 株式市場の取引戦略を定義するには、その戦略を信用するかどうかは別として、厳密にルールを設定するのが一般的です。たとえば「価格が 5% 下落した場合は株式をいくらか購入する」という単純なアルゴリズムがよく使われます。機械学習に関係なく、単に伝統的な論理であるということに注意してください。

1.1.2　学習と推論

　オーブンを使ってデザートを作ろうとしているとします。あなたがキッチンを初めて使うのであれば、材料の適切な組み合わせと完璧な比率の両方を見つけて素晴らしいものを作るには、数日はかかりそうです。最高においしいものができたとき、レシピを記録することでデザートを手早く作る方法を覚えておくことができます。

　同様に、機械学習はこのレシピのアイデアを共有します。典型的には、**学習と推論**という 2 つの段階でアルゴリズムを調べます。学習段階の目的は、**特徴ベクトル**と呼ばれるデータを記述し、それを**モデル**に要約することです。モデルがレシピに相当します。実際には、このモデルはいくつかのオープンな解釈を持つプログラムであり、そのデータはその曖昧さを解消するのに役立ちます。

> **注意**　特徴ベクトルは、実際のデータを単純化したものです。実世界にあるモノを属性リストにまとめたものと考えることができます。学習および推論のステップは、データそのものではなく特徴ベクトルに直接依存します。

　レシピを他の人と共有して使用する方法と同様に、学習されたモデルは他のソフトウェアによっても再利用されます。学習段階は最も時間がかかります。有用なモデルに収束するには、アルゴリズムの実行に数日〜数週間ではないにしても、数時間かか

ることがあります。図 1.4 に学習順序の概要を示します。

図 1.4　一般的な学習アプローチは構造化されたレシピに従う。第 1 に、データセットは主にベクトルのリストに変換する必要があり、これは学習アルゴリズムによって使用することができる。学習アルゴリズムはモデルを選択し、モデルのパラメータを効率よく検索する

　推論段階では、このモデルを使用して未知のデータについて知的な発見を行います。オンラインで見つけたレシピのようなものです。このプロセスは通常、学習よりも時間のオーダーは少なく、リアルタイムにできる場合もあります。推論は、図 1.5 に示すように、モデルを新しいデータでテストし、プロセスのパフォーマンスを観察することです。

図 1.5　一般的な推論アプローチでは、学習済みのものか、単純に与えられたモデルを使用する。データを特徴ベクトルなどの使用可能な表現に変換した後、モデルを適用した結果の出力を生成する

1.2　データ表現と特徴

　データは機械学習の世界にとって最も重要な要素です。コンピュータは洗練された計算機に過ぎませんから、機械学習システムに供給するデータは、ベクトル、行列、グラフなどの数学的なものでなければなりません。

　すべての表現形式における基本的なテーマは特徴の概念であり、観察可能な物の機能です。

- **ベクトル**は平坦で単純な構造を持ち、実際の機械学習アプリケーションのほとんどで典型的なデータ形式になっています。ベクトルには**次元**を表す自然数と**型**（実数、整数など）の 2 つの属性があります。具体例を挙げておきますと、2 次元ベクトルでは (1, 2) や (-6, 0) のようなものです。実数の 3 次元ベクトルなら (1.1, 2.0, 3.9) や (π, $\pi/2$, $\pi/3$) です。考え方は同じ種類の値を集めただけだけです。機械学習を用いるプログラムでは、ベクトルは色、濃度、音の大きさ、近さなどの、数値の並びで表現でき、個々の測定が可能であるデータの性質を測定します。

- さらに、ベクトルのベクトルは**行列**になります。各特徴ベクトルがデータセット内の1つのオブジェクトの特徴を記述する場合、行列はすべてのオブジェクトを記述します。外側のベクトルの各項目は、1つのオブジェクトの特徴のリストです。
- 一方、**グラフ**はより表現力があります。グラフはネットワークを表すためにオブジェクト（**ノード**）が**辺**で接続されたものの集合です。視覚的な構造により、友人ネットワークや地下鉄システムのナビゲーションルートなどのオブジェクト間の関係を表現することができます。したがって、機械学習アプリケーションでは管理が非常に困難です。本書では、入力データには視覚的な構造はほとんど含まれません。

　特徴ベクトルは現実世界のデータを実際に単純化したものであり、処理が複雑すぎる可能性があります。データ項目のあらゆる細部に関わるのではなく、特徴ベクトルは実用的に単純化されたものです。たとえば現実世界の自動車は、それを説明するために使用されたテキストよりもはるかに大きな情報量を持っています。車のセールスマンは車を売ろうとしているのであって、話したり書いたりという無形の言葉を売ろうとするのではありません。言葉はただの抽象的な概念であり、特徴ベクトルがデータの要約に過ぎない方法と同様です。

　この特徴を説明するのに、次のお話をしましょう。あなたが新しい車を買うためお店にいるとして、メーカーやモデル毎の細部をチェックすることは不可欠です。結局のところ、もしあなたが何千ドルも使おうとしているのであれば、それくらい頑張っているかもしれません。各車の特徴のリストを記録し、あれこれ比較するかもしれません。この特徴のリストに順序を付けたものは、特徴ベクトルです。

　車の買い物において走行距離で比較をするのは、あなたがあまり関心のないもの、例えば重量を比較するよりも有利かもしれません。調べる特徴の数もちょうどよいものでなければなりません—余りにも少なすぎるとあなたが気にかけている情報を失うだろうし、余りにも多いと扱いにくく時間がかかることでしょう。

　測定する数とどの測定値を比較すべきかの両方を選択するための莫大な努力は、**特徴量設計（feature engineering）**と呼ばれています。調べる特徴に応じて、システムのパフォーマンスが大幅に変動する可能性があります。適切な特徴を選択することで、弱い学習アルゴリズムを補うことができます。

　たとえば、画像内の車を検出するモデルを訓練する場合、最初に画像をグレースケールに変換すると、パフォーマンスと速度が大幅に向上します。データを前処理するとき偏りを与えることで、アルゴリズムを手助けすることになります（車の検出時に色が重要でないことを知る必要がないため）。アルゴリズムは形状や質感の識別に集中できるようになり、色を処理しようとするよりもはるかに速い学習につながります。

　MLの一般的な経験則は、より多くのデータがより良い結果を生み出すということです。しかし、より多くの特徴を備えている場合でも同じことは必ずしも当てはまりません。調べる特徴の数が多すぎると、パフォーマンスが低下する可能性があります

全てのデータ空間を典型的な標本で埋めるためには、特徴ベクトルの次元が増加するにつれて指数関数的に多くのデータが必要となります。その結果、特徴量設計は図 1.6 に示すように、ML で最も重要な問題の 1 つになっています。

図 1.6 特徴量設計はタスクに関連する特徴を選択するプロセスである

> **次元の呪い**
>
> 　実世界のデータを正確にモデル化するには、明らかに 1 つか 2 つ以上のデータ点が必要です。しかし、どのくらいのデータが特徴ベクトルの次元数を含むさまざまなものに依存するのでしょうか。あまりに多く特徴を追加すると、特徴空間を説明するために必要なデータ点の数が指数関数的に増加します。そのため、1,000,000 次元の特徴ベクトルを設計し、すべての要因の可能性を使い果たし、アルゴリズムがモデルを学習するのを期待することは不可能なのです。この現象を**次元の呪い**といいます。

　すぐにはわからないかもしれませんが、どの特徴が観察する価値のあるものかを決定するときに何か重要なことが起こります。何世紀もの間、哲学者は**同一性**の意味を考えてきました。あなたはすぐに認識することはできないかもしれませんが、特定の特徴の選択によって**同一性**の定義を思いついてきました。

　画像内の顔を検出するための機械学習システムの作成を想像してみてください。顔であるために必要な特徴の 1 つが、2 つの目の存在であるとしましょう。暗黙のうちに、顔は目が付いたものと定義されています。これがどんなトラブルにつながるか分かりますか？　写真の中の人がまばたきをしていると、検出器が 2 つの目を見つけることができないために顔を見つけられません。このアルゴリズムは、人がまばたきしているときに顔を検出できません。顔の定義は最初から不正確であり、検出結果が悪いのは明らかです。

物体の同一性は、それが構成されている特徴に分解されます。たとえば、ある車の特徴を調べているとき他の車に対応する特徴ともぴったり一致している場合、その観点では区別できないと言ってよいでしょう。別の機能をシステムに追加して、それらを区別する必要があります。そうしないと、同じだと考えることでしょう。

手作業で特徴を考えるとき、同一性という哲学的な苦境に陥らないように細心の注意を払わなければなりません。

> **演習 1.2** ロボットに衣服の折り畳み方法を教えているとしましょう。知覚システムは、次の図にあるように、机の上にあるシャツを見ます。シャツを特徴ベクトルとして表現して、異なる服と比較することができます。どの特徴が最も有用かを判断してください。
> （ヒント：小売業者がオンラインで衣料品を説明するためにどのような言葉を使用していますか？）
>
>
>
> ロボットがシャツを畳んでいる。シャツの状態を確認するのに良い特徴は？
>
> **解答**
> 幅、高さ、水平方向の対称性、垂直方向の対称性、平坦性は、衣服を折り畳むときに観察するのに適した特徴です。色、布の質感、素材はほとんど関係ありません。

演習 1.3 服を検出するのではなく、任意の物体が検出できるようにしてやろうと決めました。次の図にいくつかの例をあげています。物体を簡単に区別できる目立った特徴にはどのようなものがありますか？

ランプ、ズボン、犬の 3 つの画像がある。物体を比較し区別するために記録すべき良い特徴は？

解答
明るさと反射を観察すると、ランプを他の 2 つの物体と区別するのに役立ちます。ズボンは予測しやすい形状をしていますので、形状を調べることで優れた特徴がもう 1 つ得られます。最後に、質感は他の 2 つの物体の種類と犬の画像を区別するための顕著な特徴になります。

　特徴量設計は新鮮で哲学的な探求です。自己の意味、つまりそのもの自身のみが持つ特徴を知ろうとすることを楽しめる人にとっては、まだまだ問題が残っていますので、ぜひ特徴抽出の研究にご協力ください。幸運なことに、広範な議論を緩和するために、最近の進歩によってどの特徴を調べるかを自動的に判断できるようになりました。これは第 7 章であなた自身で試してみることができます。

特徴ベクトルは学習と推論の両方で使用される

　学習と推論の相互作用は、次の図に示す機械学習システム全体像の通りです。第1のステップは、現実世界のデータを特徴ベクトルで表します。例えば、ピクセル強度に対応する数のベクトルで画像を表現することができます（画像の表現方法については、後の章で詳しく説明します）。学習アルゴリズムに、各特徴ベクトルとともにグランドトゥルース（整合性を示す）ラベル（例えば、「鳥」や「犬」）を示します。十分なデータがあれば、このアルゴリズムは学習モデルを生成します。このモデルを他の現実世界のデータに使用して、未知のラベルを発見することができます。

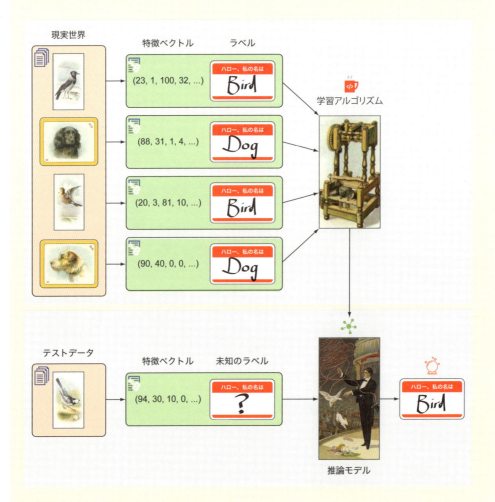

特徴ベクトルは、機械学習の学習要素と推論要素の両方で使用される現実世界のデータを表す。アルゴリズムへの入力は実際の画像ではなく、その特徴ベクトルである

1.3　距離の測定方法

あなたが購入したい可能性のある車の特徴ベクトルがあるのであれば、特徴ベクトル上に距離関数を定義することでどちらが似ているかを知ることができます。オブジェクト間の類似点を比較することは、機械学習の必須要素です。特徴ベクトルを用いると、様々な方法で比較できるように、さまざまなオブジェクトの表現ができます。標準的なアプローチは**ユークリッド距離**を使用することです。これは、空間上の点を考えるときに最も直感的な幾何学的解釈です。

$x = (x_1, x_2, ..., x_n)$ と $y = (y_1, y_2, ..., y_n)$ という 2 つの特徴ベクトルがあるとします。ユークリッド距離 $\|x - y\|$ は

$$\sqrt{(x_1 - y_1)^2 + (x_2 - y_2)^2 + ... + (x_n - y_n)^2}$$

例えば、$(0, 1)$ と $(1, 0)$ の間のユークリッド距離は、

$$\|(0,1) - (1,0)\|$$
$$= \|(-1,1)\|$$
$$= \sqrt{(-1)^2 + 1^2}$$
$$= \sqrt{2} = 1.414...$$

学者はこれを **L2 ノルム**と呼んでいます。しかし、実際にはたくさんある距離関数の 1 つにすぎません。L0、L1、L-無限大ノルムも存在します。これらのノルムはすべて、距離を測定する有効な方法です。ここでもう少し詳しく説明しておきます:

- **L0 ノルム**は、ベクトルの非ゼロ要素の総数を数えます。たとえば原点 $(0,0)$ とベクトル $(0, 5)$ の間の距離は、ゼロ以外の要素が 1 つしかないため 1 です。$(1, 1)$ と $(2, 2)$ はどちらの次元も一致しないため、L0 距離は 2 です。第 1 次元と第 2 次元がそれぞれユーザー名とパスワードを表しているとします。ログイン試行と実際の認証情報の L0 距離が 0 の場合、ログインは成功です。距離が 1 の場合は、ユーザー名またはパスワードのいずれかが間違っていますが、両方ではありません。距離が 2 の場合、ユーザー名とパスワードの両方がデータベースに見つかりません。
- **L1 ノルム**は $\Sigma |x_n|$ と定義されます。L1 ノルムにおける 2 つのベクトル間の距離は、マンハッタン距離とも呼ばれます。通りが格子状上になっているニューヨークのマンハッタンのような街に住んでいると想像してください。1 つの交差点から別の交差点までの最短距離はブロックに沿っています。同様に、2 つのベクトル間の L1 距離は、直交方向に沿っています。したがって、L1 ノルムにおける $(0, 1)$ と $(1, 0)$ の間の距離は 2 になります。

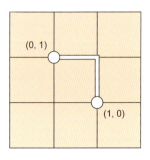

図 1.7　L1 距離は、**マンハッタン距離**（タクシーメトリックとも）と呼ばれ、これはマンハッタンなど道路が格子状になっている地域の車のルートに似ているためである。車が点 (0, 1) から点 (1, 0) に移動する場合、最短ルートは 2 単位の長さが必要である

- **L2 ノルム**は、図 1.8 にもあるとおり、ベクトルのユークリッド距離$(\Sigma(x_n)^2)^{1/2}$です。これは、幾何学平面上を 1 つの点から別の点に移動する最も直接的な経路です。数学的には、ガウス = マルコフの定理によって予測されるような最小二乗推定を実装するノルムです。よくわからなければ、空間上の 2 点間の最短距離であると考えてください。

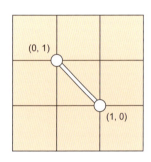

図 1.8　点 (0, 1) と点 (1, 0) の間の L2 ノルムは、2 点間を結ぶ直線部分の長さである

- **L-N ノルム**はこのパターンを一般化したもので、$(\Sigma|x_n|^N)^{1/N}$となります。L2 より上のノルムを使うことはほとんどありませんが、完全性を考慮して説明しておきます。
- **L- 無限大ノルム**は $(\Sigma|x_n|^\infty)^{1/\infty}$ です。わかりやすく言うと各要素の中で（絶対値が）最大のものの大きさです。ベクトルが (-1, -2, -3) の場合、L- 無限大ノルムは 3 になります。特徴ベクトルがさまざまな項目のコストを表す場合、ベクトルの L- 無限大ノルムを最小化することは、最も高価な項目のコストを削減する試みであるということになります。

> **現実世界でL2ノルム以外の距離はどんなときに使用するのか？**
>
> 　Googleと競争しようとしている新しい検索エンジンの立ち上げに向けて働いているとしましょう。あなたは上司から、機械学習を使用して各ユーザの検索結果を個人向けにするという仕事を与えられました。
>
> 　目標として、1か月間に誤った検索結果が5つ以上表示されないようにしましょう。1年分のユーザデータは12次元のベクトル（月数を次元とする）で、1か月に表示される誤った結果の数を示します。このベクトルのL-無限大ノルムが5未満でなければならないという条件を満たすようにしようとしています。あなたの上司が要件を変更し、1年全体で5回未満の誤った検索結果しか許されないことになったとしましょう。この場合、空間全体のすべての誤りの合計が5未満になる必要があるため、L1ノルムが5未満になるようにしようとします。
>
> 　ここで、あなたの上司は要件を再度変更し、誤った検索結果を含む月数は5未満にでなければならないとしましょう。この場合、誤り数が0でない月数が5未満になればよいので、L0ノルムが5未満になるようにします。

1.4　学習のタイプ

　これで、特徴ベクトルを比較できるようになりました。実際のアルゴリズムにデータを使用するために必要なツールが用意されています。機械学習は、教師あり学習、教師なし学習、強化学習の3つの視点に分かれています。それぞれを見てみましょう。

1.4.1　教師あり学習

　定義通りの意味では、**教師**は指揮系統の上位にいる人のことを言います。分からないことがあれば、教師は何をすべきか指示します。同様に、**教師あり学習**は、すべて「監督者」（教師など）が作成した例から学びます。

　教師あり機械学習システムは、有益な理解を深めるためにラベル付きデータを必要とし、それは**モデル**と呼ばれます。例えば、多くの人々の写真とそれに対応する人種の記録が与えられると、任意の写真の中から未知の人物人種を分類するためのモデルを訓練することができます。簡単に言えば、モデルはあるデータにラベルを割り当てる関数です。これは、**訓練データセット**と呼ばれる以前の例の集まりを参考として使用することによって行います。

　モデルについて説明するのに便利な方法は、数学的表記法です。xを特徴ベクトルのようなデータのインスタンスとします。xに関連する対応するラベルは$f(x)$であり、しばしばxの**グランドトゥルース**と呼ばれます。通常、変数$y = f(x)$を使用するのは、そのように書いた方が速いからです。写真を通して人の人種を分類する例では、xはさまざまな関連する特徴の100次元ベクトルであり、yは様々な人種を表す値の対のうちの1つです。yは離散値であるため、モデルは分類器と呼ばれます。yが多くの値を持つ可能性があり、値が自然順序を持つ場合、モデルは回帰分析器と呼ばれます。

　xのモデルの予測を$g(x)$と表すことにしましょう。場合によっては、モデルを微調整してパフォーマンスを大幅に変更することもできます。モデルには、人間によって

または自動的に調整できるいくつかのパラメータがあります。ベクトルθを使用してパラメータを表します。すべてをまとめると、$g(x|\theta)$ は「与えられた θ において x に対する g」を読む、より完全なモデル表します。

注意 モデルには、モデルに関する特別な性質を表す**ハイパーパラメータ**もあります。ハイパーパラメータの**ハイパー**という言葉は、最初はちょっと奇妙です。モデルがメタデータに似ているので、より良い名前は**メタパラメータ**になります。

モデルの予測 $g(x|\theta)$ の成功は、それがグランドトゥルース y とどれほどうまく一致するかに依存します。これら2つのベクトル間の距離を測定する方法が必要です。例えば、L2ノルムを使用して、2つのベクトルがどれだけ近くにあるかを測定することができます。グランドトゥルースと予測の距離は**コスト**と呼ばれます。

教師あり機械学習アルゴリズムの本質は、**最小コスト**をもたらすモデルのパラメータを把握することです。数学的に言えば、すべてのデータ点 $x \in X$ の中でコストを最小にする θ^* を探そうとしているということです。この最適化問題を定式化する1つの方法は次の通りです：

$$\theta^* = \operatorname{argmin}_\theta Cost(\theta|X)$$

ここで　$Cost(\theta|X) = \sum_{x \in X} \|g(x|\theta) - f(x)\|$

明らかに、パラメータ空間とも呼ばれる θ のあらゆる可能な組み合わせをブルートフォースで探索するのは、最終的には最適解が見つかるでしょうが、許容できない実行時間になります。機械学習の主な研究は、このパラメータ空間を効率的に検索するアルゴリズムの作成です。最初に考えられるアルゴリズムには、**勾配降下**、**焼きなまし法**、**遺伝的アルゴリズム**などがあります。TensorFlow はこれらのアルゴリズムの低レベル実装の詳細を自動的に処理しますので、ここではあまり詳しく説明しません。

一度パラメータを学習すれば、最終的にモデルを評価して、システムがデータからどのようにパターンを取得したかを把握することができます。訓練データはモデルに適していることがすでに分かっていますので、訓練データと同じデータでモデルを評価しないようにします。モデルが汎用目的であり、訓練に使用されたデータに偏っていないことを確認するために、訓練セットに含まれていないデータに対して機能するかどうかを知る必要があります。

訓練のために大部分のデータを使用し、テストのために残りのデータを使用します。たとえば、100個のラベル付きデータがある場合は、そのうち70個を無作為に選択してモデルを訓練し、残りの30個はテストするために使用します。

なぜデータを分割するのか？

　70-30にデータを分割するのが奇妙に見える場合は、このように考えてください。物理の先生があなたに実践試験を与えて、実際の試験も変わることはないと言ったとしましょう。あなたは答えを覚えて、概念を理解することがなくても満点を取ることができます。同様に、訓練データセットでモデルをテストしたところで何のメリットもありません。モデルは単に結果を記憶している可能性があるので、誤った認識を行うというリスクを負うことになります。さて、知性はどこにあるでしょうか？

　機械学習実践者は通常、データセットを70-30に分割する代わりに60-20-20で分割しました。訓練ではデータセットの60%が使用され、テストでは20%が使用され、次の章で説明する「検証」のために20%を残しておきます。

1.4.2　教師なし学習

　教師なし学習とは、対応するラベルや反応なしでデータをモデリングすることです。生のデータだけで結論を出すことができるという事実は、魔法のように感じます。十分なデータがあれば、パターンや構造を見つけることができます。機械学習実践者がデータだけで学習するために使用する最も強力なツールのうちの2つは、クラスタリングと次元削減です。

　クラスタリングは、データを類似する項目の個々のバケツに分割するプロセスです。ある意味では、クラスタリングは、対応するラベルを知らずに行うデータの分類のようなものです。例えば、3つの棚に本を整理するときは、おそらく似ているジャンルをまとめて入れたり、著者の姓でグループ化したりするでしょう。1つはスティーブンキングの区分、もう1つは教科書用、もう1つは「その他のもの」のように分けるかもしれません。すべて同じ特徴で区切られていても構いません。自分にとって大まかに同じ種類に思えて、識別しやすいグループに分類できるだけでよいのです。

　最も一般的なクラスタリングアルゴリズムの1つはK平均法であり、これは**EMアルゴリズム**と呼ばれる、より強力な手法の特定の例です。

　次元削減は、より単純な視点でデータを表示するためにデータを操作することです。「Keep it simple, stupid.（単純にしておけ、馬鹿野郎）」というフレーズに相当する考え方（KISSの原則）です。たとえば、冗長な特徴を取り除くことによって、同じデータを低次元の空間で説明し、どの特徴が本当に重要であるかを見ることができます。この単純化は、パフォーマンスの効率化のためのデータの視覚化や前処理にも役立ちます。最も初期のアルゴリズムの1つに**主成分分析（PCA: Principle Component Analysis）**があり、新しいものには**自動エンコーダー**が含まれています。これについては第7章で説明します。

1.4.3　強化学習

　教師ありの学習と教師なしの学習は、教師の存在がすべてであるかどうかを示唆しているように見えます。しかし、明確な答えではなくヒントを提供して環境が教師として働くという機械学習のよく研究されている分野があります。学習システムは、正しい方向に進んでいるという確証なしに、その行動に関するフィードバックを受け取

り、迷路を解決したり、明白な目標を達成することができるでしょう。

> **探索と活用は強化学習の中心**
> これまでに見たことがないテレビゲームで遊ぶところを想像してみてください。コントローラのボタンを押して、特定の押し方の組み合わせによって徐々にスコアが上がることがわかります。ハイスコアを打ち破るため、今度はこの発見を繰り返し利用していきます。このときあなたの脳裏には、ボタンの押し方のもっと良い組み合わせでまだ見つけていないものがあるかもしれないと考えます。現時点でベストな戦略を活用しますか？ それともリスクを取って新しい選択肢を検討しますか？

訓練データが「教師」によって都合よく分類される教師あり学習とは異なり、**強化学習**は、環境が行動に対してどう反応するかを観察することによって収集される情報を訓練します。言い換えれば、強化学習は、どのような行動の組み合わせが最も有利な結果をもたらすかを知るために、環境と相互作用する機械学習の一種です。我々は**環境**と**行動**という言葉を使ってアルゴリズムを擬人化しているので、学者はシステムを自律的な**エージェント**と呼んでいるのが普通です。したがって、このタイプの機械学習は自然にロボットの領域に現れます。

環境内のエージェントについて推論するために、2つの新しいコンセプト、すなわち状態とアクションを導入します。ある時点の世界を凍り付かせたような状況を**状態**といいます。エージェントは、多くの**アクション**の1つを実行して現在の状態を変更することができます。エージェントにアクションを実行させるために、各状態は対応する**報酬**を生成します。エージェントは最終的に、**状態の価値**と呼ばれる各状態の予想総報酬を見つけます。

他の機械学習システムと同様に、より多くのデータでパフォーマンスが向上します。この場合、データは以前の経験の履歴です。強化学習では、実行されるまでは一連のアクションの最終的なコストや報酬がわかりません。このような状況では、このような状況では、行動シーケンスの履歴の中でどのような行動が低価値状態になったのかを正確に把握していないため、従来の教師あり学習は効果がありません。

エージェントが確かに知っている唯一の情報は、すでに完了している一連のアクションのコストですが、これは不完全です。エージェントの目標は、報酬を最大化する一連の行動を見つけることです。

> **演習 1.4** 以下の問題を解決するために、教師あり、教師なし、強化学習のうちいずれを使用しますか？
> (a) 他の情報なしで様々な果物を3つのバスケットに整理する。
> (b) センサーのデータに基づいて天気を予測する。
> (c) 多くの試行錯誤の後、チェスをうまくやることを学ぶ。
>
> **正解**
> (a) 教師なし　(b) 教師あり　(c) 強化学習

1.5 TensorFlow

　Googleは、2015年後半にApache 2.0ライセンスの下でTensorFlowという機械学習フレームワークを公開しました。それ以前は、音声認識、検索、写真、Gmailなどの他のアプリケーションでGoogleが独自に使用していました。

> **ちょっとした歴史**
> DistBeliefと呼ばれる、以前の拡張性がある分散訓練および学習システムは、TensorFlowの現在の実装に対する主要な影響力になっています。これまでずさんなコードを書いて、もう一度やり直すことを望みましたか？　これがDistBeliefとTensorFlowの間の原動力になっています。

　このライブラリはC++で実装されており、便利なPython APIと、比較的評価は劣りますがC++ APIを備えています。より単純な依存関係のため、TensorFlowはさまざまなアーキテクチャに素早く展開できます。

　Theano（既にご存知かもしれませんが、Python用のよく知られた数値計算ライブラリです）と同様に、計算をフローチャートとして記述し、設計と実装を分離します。この二分法はわずかな労力で、同じ設計を数千のプロセッサを備えた大規模な訓練システムだけでなく、単純にモバイルデバイス上に実装することも可能にします。単一のシステムが幅広いプラットフォームに対応しています。

　TensorFlowの最も魅力的な特性の1つは、**自動判別機能**です。多くの重要な計算を再定義することなく、新しいネットワークを試すことができます。

> **注意**　自動微分により、バックプロパゲーション（逆伝播）を実装するのがはるかに簡単になります。バックプロパゲーションは、**ニューラルネットワーク**と呼ばれる機械学習の分野で使用される計算量の多い計算です。TensorFlowはバックプロパゲーションの詳細を隠し、より大きなイメージに集中することができます。第7章では、TensorFlowを使用したニューラルネットワークについて説明します。

　すべての数学は抽象化され、フードに隠れた中で展開されます。それは、微積分問題の集合に対してWolframAlphaを使うようなものです。

　このライブラリのもう1つの機能は、**TensorBoard**というインタラクティブな可視化環境です。このツールは、データの変換方法のフローチャートを示し、時間の経過と共に要約ログを表示し、パフォーマンスをトレースします。図1.9に、使用中のTensorBoardの外観の例を示します。次の章では、これをより詳しく説明します。

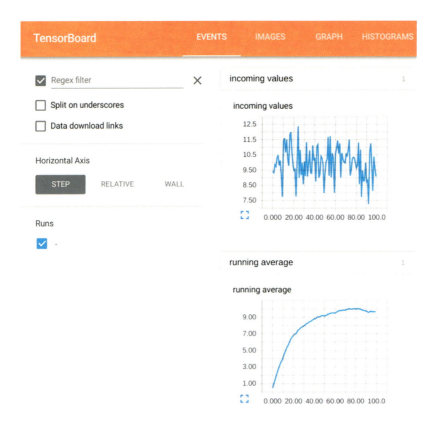

図 1.9　実際の TensorBoard の例

　TensorFlow のプロトタイプ作成は Theano よりずっと高速です（コードは数分に対して数秒で開始されます）。多くの操作が事前にコンパイルされているためです。サブグラフの実行により、コードをデバッグするのが容易になります。計算のすべての部分を再計算せずに再利用できます。

　TensorFlow はニューラルネットワークだけでなく、すぐに使える行列演算と操作ツールも備えています。Torch や Caffe などのほとんどのライブラリは、深層ニューラルネットワーク専用に設計されていますが、TensorFlow は拡張性だけでなく柔軟性も備えています。

　ライブラリは十分にドキュメント化されており、正式に Google がサポートしています。機械学習は洗練された話題ですので、TensorFlow の背後に非常に評判の良い会社があることは励みになります。

1.6　今後の章の概要

　第 2 章では、TensorFlow のさまざまなコンポーネントを使用する方法を示します（図 1.10）。3 章から 6 章は TensorFlow で古典的な機械学習アルゴリズムを実装する方

法について、7 章から 12 章はニューラルネットワークに基づくアルゴリズムをカバーしています。このアルゴリズムは、予測、分類、クラスタリング、次元削減、計画など、さまざまな問題を解決します。

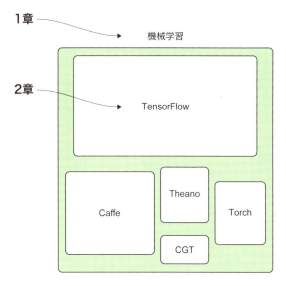

図 1.10　本章で基本的な機械学習の概念を紹介し、次章で **TensorFlow** について解説する。他にも機械学習アルゴリズムを使うためのツール（**Caffe**、**Theano**、**Torch** など）はあるが、その中でなぜ **TensorFlow** を使用するかは第 **2** 章で説明する

現実世界と同じの問題を解決するための多くのアルゴリズムと、同じアルゴリズムで解決される現実の多くの問題がありますが、表 1.1 には本書に記載されているものが含まれています。

表 1.1　実際の問題の多くは、それぞれの章にある対応するアルゴリズムを使用して解決できる。

実世界の問題	アルゴリズム	章
トレンドの予測、データ点への曲線の適合、変数間の関係の記述	線形回帰	3
データを 2 つのカテゴリに分類し、データセットを分割する最善の方法を見つける	ロジスティック回帰	4
データを複数のカテゴリに分類する	多クラスロジスティック回帰	4
観察の隠された原因を明らかにし、一連の結果の最も可能性の高い隠れた理由を見出す	隠れマルコフモデル（ビタビ）	6
固定数のカテゴリにデータをクラスタリングし、データ点を別々のクラスに自動的に分割する	k 平均法	6

データを任意のカテゴリにクラスタリングし、高次元のデータを低次元の埋め込みに視覚化する	自己組織化マップ	6
データの次元を減らし、高次元データを担う潜在変数を学習する	オートエンコーダ	7
ニューラルネットワークを用いた環境における行動計画（強化学習）	Qポリシーニューラルネットワーク	8
教師ありニューラルネットワークを用いたデータの分類	パーセプトロン	9
教師ありニューラルネットワークを用いた実世界画像の分類	畳み込みニューラルネットワーク	9
ニューラルネットワークを使用して観測に一致するパターンを生成する	リカレントニューラルネットワーク	10
自然言語の問い合わせに対する自然言語応答の予測	シーケンス変換（Seq2seq）モデル	11
効用の学習によって項目を順位付けするための学習	順位付け	12

ヒント TensorFlowの複雑なアーキテクチャの詳細については、https://www.tensorflow.org/extend/architecture の公式ドキュメントを参照してください。本書は、低レベルのパフォーマンスチューニングの幅を広げることなく、TensorFlowを使用して前進します。クラウドサービスに興味のある方は、プロフェッショナルレベルのスピードと速度を求めるGoogleのソリューション https://cloud.google.com/products/machine-learning/ をご検討ください。

1.7 まとめ

- TensorFlowは、機械学習ソリューションを実装するための専門家と研究者の間で選択の道具となっている。
- 機械学習は、新しい入力について有用な記述をすることができるエキスパートシステムを開発するための例を使用することである。
- MLの重要な特性は、より多くの訓練データでパフォーマンスが向上する傾向があることである。
- 長年に渡って、学者は教師あり学習、教師なし学習、強化学習の3つの主要な原型を作成した。
- 実世界の問題が機械学習の観点から定式化され、いくつかのアルゴリズムが利用可能になっている。実装を達成するための多くのソフトウェアライブラリとフレームワークの中から、TensorFlowを特効薬として選択した。Googleによって開発され、その活発なコミュニティの支援を受けて、TensorFlowは業界標準のコードを簡単に実装する方法を提供する。

TensorFlow の必需品

2章　TensorFlowの必需品

> **本章の内容**
> - TensorFlow ワークフロー
> - Jupyter を使用した対話的ノートの作成
> - TensorBoard を使用したアルゴリズムの視覚化

　機械学習アルゴリズムを実装する前に、まず TensorFlow の使い方を理解しておきましょう。すぐに簡単なコードをいろいろと書いてみたくなるはずです！　本章では、機械学習ライブラリに TensorFlow を選択する理由として、TensorFlow の本質的な利点について説明します。

　思考実験として、便利な計算ライブラリなしで Python コードを使用するとどうなるかを見てみましょう。それは、追加のアプリをインストールせずに新しいスマートフォンを使うようなものです。機能はそこにありますが、適切なツールがあれば生産性が向上します。

　あなたが自分の製品の販売の流れを追跡している私有のビジネスオーナーであるとします。在庫は 100 種類の商品で構成され、各商品の価格は `prices` と呼ばれるベクトルで表します。`amounts` と呼ばれる 100 次元ベクトルは、各商品の在庫数を表します。次のリスト 2.1 に示す Python コードを書いて、すべての製品の売り上げを計算することができます。このコードはライブラリをインポートしないことに注意してください。

リスト 2.1　ライブラリを使わずに 2 つのベクトルの内積を計算する

```
revenue = 0
for price, amount in zip(prices, amounts):
    revenue += price * amount
```

　これは、2 つのベクトルの内積（**ドット積**とも呼ばれます）を計算するだけのコードです。線形方程式を解く、または 2 つのベクトル間の距離を計算するなど、もっと複雑なものに必要なコードの量を想像してください。

　TensorFlow ライブラリをインストールすることで、Python で数学的操作を容易にする NumPy という有名かつ堅牢な Python ライブラリをインストールすることになります。Python をライブラリ（NumPy と TensorFlow）なしで使用するのは、オートフォーカスなしのカメラを使うようなものです。柔軟性は増しますが、簡単にミスをしてしまいます（絞り、シャッター、ISO を細かく管理する写真家を否定するわけではありませんのであしからず）。機械学習では簡単に間違いを犯します。オートフォーカスのカメラを使うように、TensorFlow を使用して面倒なソフトウェア開発を自動化しましょう。

　リスト 2.2 は、NumPy を使って同じ内積を簡潔に書く方法を示しています。

リスト 2.2　NumPy を使った内積の計算

```
import numpy as np
revenue = np.dot(prices, amounts)
```

　Python は簡潔な言語です。幸いなことに、これは、本書に言語の説明を行うページや暗号のようなコードのページがないことを意味します。一方、Python 言語の簡潔さは、コードの各行の背後にさまざまなことが起こっていることを暗示しています。

　機械学習アルゴリズムは、大量の数学的演算を必要とします。アルゴリズムは、収束するまで反復される単純な関数の合成に帰着こともよくあります。もちろん、これらの計算を実行するために標準のプログラミング言語を使用することもできますが、管理可能なコードと実行可能なコードの秘訣は、(Python と C++ を正式にサポートしている) TensorFlow などの優秀なライブラリを使うことです。

> **ヒント**　Python および C++ API のさまざまな機能に関する詳細なドキュメントは、https://www.tensorflow.org/api_docs/ で入手できます。

　機械学習が数学的な定式化に依存しているため、本章で学ぶスキルは計算に TensorFlow を使用するように調整されています。サンプルとコードリストを調べた後、大きなデータの統計を計算するなど、任意のタスクに TensorFlow を使用することができます。ここでの焦点は、機械学習とは対照的に TensorFlow の使用方法に関するものです。簡単そうですね？

　本章の後半では、機械学習に不可欠な TensorFlow の主な機能を使用します。これには、データフローグラフ、設計と実行の分離、部分グラフ計算、自動微分などの計算表現が含まれます。面倒なことなしで、最初の TensorFlow コードを書きましょう！

2.1　TensorFlow の動作を保証する

　まず、すべてが正しく動作していることを確認する必要があります。あなたの車のオイルレベルをチェックし、地下室で飛んだヒューズを修理し、クレジット残高がゼロであることを確認してください。
というのは冗談です。TensorFlow のお話でしたね。

　始める前に、付録の手順に従って段階的なインストール手順を実行してください。私たちの最初のコードに対して、**test.py** という新しいファイルを作成します。次のスクリプトを実行して TensorFlow をインポートします。

```
import tensorflow as tf
```

> **技術的な難しさ？**
>
> エラーは通常、インストール時に GPU バージョンやライブラリが CUDA ドライバを検索するのに失敗した場合などに発生します。CUDA を使用してライブラリをコンパイルした場合は、環境変数を CUDA へのパスで更新する必要があります。TensorFlow の CUDA の指示を確認してください。(詳細については、http://mng.bz/QUMh を参照してください)。

この 1 回のインポートで TensorFlow が準備されます。あとは Python インタプリタが文句を言わなければ、TensorFlow の使用を開始します！

> **TensorFlow の慣例を知っておこう**
>
> TensorFlow ライブラリは通常、tf エイリアスでインポートされます。一般的に、tf で TensorFlow を修飾することは、他の開発者やオープンソースの TensorFlow プロジェクトとの一貫性を保つための良い考えです。もちろん、他のエイリアスを使っても（あるいはまったくエイリアスを使わなくても）構いませんが、自分のプロジェクトで他の人の TensorFlow コードのスニペットをうまく再利用するのは、複雑なプロセスになります。

2.2　テンソルを表す

TensorFlow を Python ソースファイルにインポートする方法がわかりましたので、早速使ってみましょう！　前章で説明したように、現実世界のオブジェクトを記述する便利な方法は、その特徴や機能をリストにすることです。たとえば、色、モデル、エンジンタイプ、走行距離などを使って車を記述します。いくつかの機能の順序付きリストを**特徴ベクトル**と呼びます。これは、TensorFlow コードで表現するものです。

特徴ベクトルは、その単純さから機械学習で最も有用な方法の 1 つになっています（数値のリストにすぎません）。各データ項目は、典型的には特徴ベクトルから構成され、良いデータセットは数千ではないにしても数百もの特徴ベクトルを有します。間違いなく、一度に複数のベクトルを扱うこともよくあるでしょう。行列はベクトルのリストを簡潔に表し、行列の各列は特徴ベクトルになっています。

TensorFlow で行列を表現する構文は、それぞれ同じ長さのベクトルのベクトルです。図 2.1 は、[[1, 2, 3], [4, 5, 6]] のような 2 行 3 列の行列の例です。これは 2 つの要素を含むベクトルであり、各要素は行列の行に対応することに注意してください。

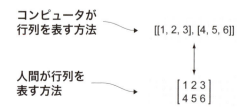

図 2.1　図の下にある行列は、上のコンパクトなコード表記を視覚化したものである。この形式の記法は、ほとんどの科学計算ライブラリの共通の考え方になっている

行と列のインデックスを指定することによって、行列の要素にアクセスします。たとえば、最初の行と列は左上の要素を示します。行と列だけでなく、赤/緑/青のチャンネルでもカラーイメージのピクセルを参照する場合など、2つ以上のインデックスを使用すると便利なことがあります。**テンソル**は、要素を任意の数のインデックスで指定する行列の一般化です。

テンソルの例

小学校がすべての学生のために座席を割り当てているとします。あなたは校長で生徒の名前を覚えるのが苦手です。幸運なことに、各教室は格子状の座席になっているため、あなたは行と列のインデックスで簡単にニックネームを付けることができます。

その学校には複数の教室があるので、単に「おはよう 4,10 さん！ 勉強頑張ってね。」というわけにはいきません。教室を指定する必要があります。「やあ、教室 2 の 4,10 さん。」要素を指定するのに 2 つのインデックスしか必要としない行列とは異なり、この学校の生徒は 3 つの数字が必要です。彼らはすべてランク -3 テンソルの一部です！

テンソルの構文は、より多くのネストされたベクトルです。例えば、図 2.2 にあるように、2×3×2 テンソルは [[[1, 2]、[3, 4]、[5, 6]]、[[7, 8]、[9, 10]、[11, 12]]] であり、それぞれ 3×2 の 2 つの行列と考えることができます。したがって、このテンソルのランクは 3 です。一般に、テンソルの**ランク**は、要素を指定するために必要なインデックスの数です。TensorFlow の機械学習アルゴリズムはテンソルに作用するので、実際の使用方法を理解することが重要です。

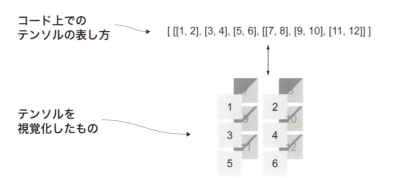

図 2.2 このテンソルは、互いに積み重なった複数の行列と考えることができる。要素を指定するには、行と列だけでなくアクセスする行列を指定する必要がある。したがって、このテンソルの**ランク**は 3 である

テンソルを表すためにはさまざまな方法があり、迷いやすいです。直感的に、リスト 2.3 の 3 行のコードは、同じ 2 行 2 列 (2×2) の行列を表現しようとしています。この行列は、それぞれ 2 次元の 2 つの特徴ベクトルを表します。たとえば、2 つの映画に対する 2 人の評価を表すことができます。行列の行で索引付けされた各人は、列で索引付けされた映画のレビューを記述する番号を割り当てます。コードを実行して、TensorFlow で行列を生成する方法を確認してください。

リスト 2.3　テンソルを表すさまざまな方法

```
import tensorflow as tf          ← TensorFlow で NumPy の
import numpy as np                  行列を使用する

m1 = [[1.0, 2.0],
      [3.0, 4.0]]

m2 = np.array([[1.0, 2.0],                          3 つの異なる方法で
               [3.0, 4.0]], dtype=np.float32)   ←  2x2 行列を定義する

m3 = tf.constant([[1.0, 2.0],
                  [3.0, 4.0]])

print(type(m1))
print(type(m2))          各行列の型を表示する
print(type(m3))

t1 = tf.convert_to_tensor(m1, dtype=tf.float32)    さまざまな種類の
t2 = tf.convert_to_tensor(m2, dtype=tf.float32)    テンソルオブジェクトを
t3 = tf.convert_to_tensor(m3, dtype=tf.float32)    作成する

print(type(t1))
print(type(t2))          型が同じであることに
print(type(t3))          注意する
```

　最初の変数 (m1) はリスト、2 番目の変数 (m2) は NumPy ライブラリの ndarray、最後の変数 (m3) は tf.constant を使用して初期化した TensorFlow の Tensor オブジェクトです。例えば negative のような、TensorFlow のすべての演算子はテンソルオブジェクトで動作するように設計されています。他の型に対してテンソルを扱っていることを確認するために、どこにでも使える便利な関数は tf.convert_to_tensor(...) です。実際、TensorFlow ライブラリのほとんどの機能は、もしあなたが忘れていたとしてもこの関数を (重複して) 実行しています。tf.convert_to_tensor(...) の使用は任意ですが、ライブラリ全体で処理される暗黙の型システムの解読を助けるためここでは表記します。リスト 2.3 は、以下を 3 回を出力します。

```
<class 'tensorflow.python.framework.ops.Tensor'>
```

> **ヒント**　なお、これらのコードリストはサポートサイトにありますので、簡単にコピー＆ペーストできます：www.manning.com/books/machine-learning-with-tensorflow URL 先の free downloads にある Source Code よりダウンロード可能です。

2.2 テンソルを表す

コードでテンソルを定義する別の方法もやってみましょう。TensorFlow ライブラリをインポートした後、`tf.constant` 演算子は次のリストのように使用できます。ここでは、さまざまな次元の 2 つの異なるテンソルがあります。

リスト 2.4　テンソルの作成

```
import tensorflow as tf

m1 = tf.constant([[1., 2.]])          ← 2x1 行列を定義する

m2 = tf.constant([[1],
                  [2]])                ← 1x2 行列を定義する

m3 = tf.constant([ [[1,2],
                    [3,4],
                    [5,6]],
                   [[7,8],
                    [9,10],
                    [11,12]] ])        ← ランク 3 のテンソルを定義する

print(m1)
print(m2)                              ← テンソルを出力してみる
print(m3)
```

リスト 2.4 を実行すると、次の出力が生成されます。

```
Tensor( "Const:0",
        shape=TensorShape([Dimension(1), Dimension(2)]),
        dtype=float32 )
Tensor( "Const_1:0",
        shape=TensorShape([Dimension(2), Dimension(1)]),
        dtype=int32 )
Tensor( "Const_2:0",
        shape=TensorShape([Dimension(2), Dimension(3), Dimension(2)]),
        dtype=int32 )
```

出力から見ることができるように、各テンソルは適切な Tensor オブジェクトで表されます。各 Tensor オブジェクトには、固有のラベル (`name`)、その構造を定義する次元 (`shape`)、操作する値の種類を指定するデータ型 (`dtype`) があります。明示的に `name` を指定しなかったため、ライブラリは自動的に Const：0、Const_1：0、Const_2：0 の名前を生成しました。

テンソルの型

　`m1` の各要素は小数点で終わることに注意してください。小数点は Python に要素のデータ型が整数ではなく、float であることを伝えます。明示的な `dtype` 値を渡すことができます。NumPy 配列と同様に、テンソルはそのテンソルで操作する値の種類を指定するデータ型を取ります。

TensorFlow には、簡単なテンソル向けの便利なコンストラクタも付属しています。たとえば、`tf.zeros(shape)` は、すべての値がゼロで初期化された特定の形状のテンソルを作成します。同様に、`tf.ones(shape)` はすべての値を一度に初期化して特定の形状のテンソルを作成します。`shape` 引数は、テンソルの次元を記述する `int32` 型の 1 次元（1D）テンソル（整数のリスト）です。

> **演習 2.1** すべての要素が 0.5 の 500×500 のテンソルを初期化してください。
> **解答**
> `tf.ones([500,500]) * 0.5`

2.3 演算子の作成

いくつか初歩的なテンソルを使用できるようになりましたので、加算や乗算などのより面白い演算子を適用することができます。他人との金銭取引で、支払い（正の値）と受け取り（負の値）を表す行列の各行を考えてみましょう。行列の符号反転は、他人のお金の流れの取引履歴を表す方法になります。まずは簡単に、リスト 2.4 の m1 テンソルで符号反転演算を実行してみましょう。行列を符号反転すると、正の数は同じ大きさの負の数になり、その逆も同様になります。

符号反転は最も単純な操作の 1 つです。リスト 2.5 に示すように、符号反転は 1 つのテンソルのみを入力とし、すべての要素が符号反転されたテンソルを生成します。コードを実行してみてください。符号反転を定義する方法を習得すれば、そのスキルを他のすべての TensorFlow 操作に一般化する足がかりになります。

> **注意** 符号反転などの操作を**定義する**ことと、それを**実行する**こととは異なります。ここまでで、操作の動作方法を**定義**しました。2.4 節では、それらの値を計算するためにそれらを**評価**（または**実行**）します。

リスト 2.5　符号反転演算子の使用

リスト 2.5 は次の出力を生成します：

```
Tensor（"Neg：0"、shape = TensorShape（[Dimension（1）、Dimension（2）]）、
        dtype = int32）
```

出力は [[-1, -2]] ではないことに注意してください。これは符号反転演算の実際の評価ではなく、定義を出力しているからです。表示された出力は、符号反転演算が名前、形、データ型を持つ Tensor クラスであることを示しています。名前は自動的に割り当てられましたが、リスト 2.5 の tf.negative を使用するときに明示的に指定することもできます。同様に、引数として渡した [[1, 2]] から形状とデータ型が推測されました。

便利な TensorFlow 演算子
公式ドキュメントでは、使用可能な数学演算がすべて丁寧に記述されています：
https://www.tensorflow.org/api_guides/python/math_ops

一般的に使用される演算子の例をいくつか挙げると、

tf.add(x, y)	→ 同じ型の 2 つのテンソルを加算する、つまり *x + y* を行う
tf.subract(x, y)	→ 同じ型のテンソルを減算する、つまり *x − y* を行う
tf.multiply(x, y)	→ 2 つのテンソルを要素ごとで掛け合わせる
tf.pow(x, y)	→ *x* の要素ごとに *y* 乗する
tf.exp(x)	→ pow(e, y) を行う。e はオイラー数 (2.718 ...)
tf.sqrt(x)	→ pow(x, 0.5) と等価
tf.div(x, y)	→ *x* と *y* の要素ごとの除算を行う
tf.truediv(x, y)	→ float 型の引数をキャストする以外は tf.div と同じ
tf.floordiv(x, y)	→ 最終解を整数に丸めることを除いて、truediv と同じ
tf.mod(x, y)	→ 要素ごとの剰余をとる

演習 2.2 これまでに学習した TensorFlow 演算子を使用して、ガウス分布（正規分布とも呼ばれます）を生成してください。ヒントは、図 2.3 を参照してください。参考までに、オンラインでの正規分布の確率密度を見つけることができます：https://en.wikipedia.org/wiki/Normal_distribution。

解答
×、−、+ などのほとんどの数式は、簡潔に書くための TensorFlow に相当するショートカットです。ガウス関数には多くの演算が含まれているため、以下のように簡略表記を使用するとより簡潔です。

```
from math import pi
mean = 0.0
sigma = 1.0
(tf.exp(tf.negative(tf.pow(x - mean, 2.0) /
            (2.0 * tf.pow(sigma, 2.0) ))) *
 (1.0 / (sigma * tf.sqrt(2.0 * pi) )))
```

2.4 セッションでの演算子の実行

セッションは、コード行の実行方法を記述するソフトウェアシステムの環境です。TensorFlowでは、セッションによって、ハードウェアデバイス（CPUやGPUなど）の通信方法が設定されます。そうすることで、実行されているハードウェアの詳細な管理を気にせずに、機械学習アルゴリズムを設計することができます。機械学習コードの行を変更することなく、その動作を変更するようにセッションを構成することができます。

操作を実行してその計算値を取得するには、TensorFlowにセッションが必要です。登録されたセッションだけがTensorオブジェクトの値を埋めることができます。これを行うには、tf.Session()を使用してセッションクラスを作成し、演算子（リスト2.6）を実行するように指示する必要があります。結果は後で計算に使用できる値になります。

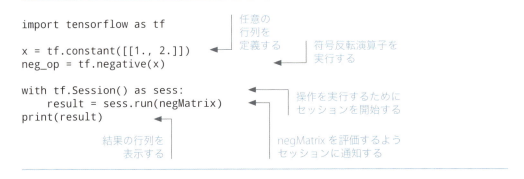

リスト2.6 セッションの使用

```
import tensorflow as tf

x = tf.constant([[1., 2.]])
neg_op = tf.negative(x)

with tf.Session() as sess:
    result = sess.run(negMatrix)
print(result)
```

おめでとうございます！　最初の完全なTensorFlowコードが書けました。[[-1, -2]]を生成するのに行列の符号反転をしなければなりませんが、主要なオーバーヘッドとフレームワークはTensorFlowのものとまったく同じです。セッションは、マシン上でコードが計算される場所を設定するだけでなく、計算を並列化するために計算がどのようにレイアウトされるかを工夫します。

> **コードのパフォーマンスは少し遅いようだ**
>
> コードの実行に、予想よりも数秒多くかかったことに気が付いたかもしれません。TensorFlowが単純に小さな行列の符号反転をするだけに数秒かかるのは、不自然なように見えるかもしれません。しかし、大規模かつ複雑な計算を行うのにライブラリを最適化するには、かなりの前処理が行われているのです。

すべてのTensorオブジェクトには、その値を定義する数学演算を評価するeval()関数があります。しかし、eval()関数は、基本となるハードウェアを最適に活用する

方法を理解するためにライブラリのセッションオブジェクトを定義する必要があります。リスト 2.6 では、セッションの文脈で Tensor の eval() 関数を呼び出すのと同じ sess.run(...) を使用しました。

対話的な環境（デバッグやプレゼンテーションの目的）で TensorFlow コードを実行する場合、セッションは暗黙的に eval() の呼び出しの一部である対話モードでセッションを作成する方が簡単です。こうすることで、セッション変数をコード全体に渡す必要がなくなり、リスト 2.7 に示すように、アルゴリズムの関連部分に集中しやすくなります。

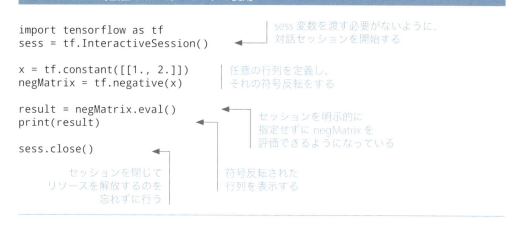

リスト 2.7　対話型セッションモードの使用

2.4.1　コードをグラフとして理解する

　新生児の予想体重を 7.5 ポンド（訳注：1 ポンドは約 453.6 グラム）としている医師を考えてみましょう。それが実際に測定された体重とどう異なるかを知りたいとします。あなたはあまりにも分析的な技術者であるため、新生児の体重のあらゆる可能性を記述する関数を設計します。例えば、8 ポンドは 10 ポンドより多い可能性があります。

　ガウス（または正規）確率分布関数を使用することもできます。入力として数値をとり、入力を観察する確率を表す非負の数値を出力します。この関数は機械学習で頻繁に現れ、TensorFlow で簡単に定義することができます。これは乗算、除算、符号反転、その他の基本的な演算子を使用します。

　すべての演算子をグラフのノードと考えてください。プラス記号 (+) や数学的な概念を見かけたときはいつでも、それを多くのノードの 1 つとして描きます。これらのノード間の辺は、数学関数の構成を表します。具体的には、これまで扱ってきた negative 演算子はノードであり、このノードの入/出力辺は Tensor の変換方法です。グラフにはテンソルが流れます。そのため、このライブラリは TensorFlow (Flow: 流れる) と呼ばれているのです！

　ここでは次のように考えます：すべての演算子は、特定の次元の入力テンソルをとり、同じ次元の出力を生成する強く型付けされた関数です。図 2.3 は、TensorFlow を

使用してガウス関数を設計する方法の例です。演算子はノード、ノード間の相互作用は辺で表されるグラフとしてこの関数が表現されています。このグラフは全体として複雑な数学関数（具体的にはガウス関数）を表しています。グラフの小さな部分は、符号反転や倍加などの単純な数学的概念を表します。

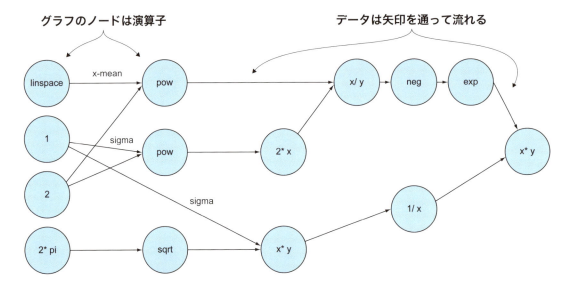

図 2.3 グラフはガウス分布を生成するために必要な操作を表している。ノード間のリンクは、ある操作から次の操作へのデータの流れを表す。操作そのものは非常に簡単だが、複雑さは相互にどのように絡み合うかによる

　TensorFlowのアルゴリズムは簡単に視覚化できます。それらはフローチャートで簡単に記述できます。

　フローチャートの技術的な（より正確な）用語は**データフローグラフ**です。フローチャートの各矢印は、**グラフの辺**と呼ばれます。さらに、フローチャートの各状態はノードと呼ばれます。セッションの目的は、Pythonコードをデータフローグラフに解釈し、グラフの各ノードの計算をCPUやGPUに関連付けることです。

2.4.2　セッション構成

　tf.Sessionにオプションを渡すこともできます。たとえば、TensorFlowは、利用可能なものに応じて、GPUまたはCPUデバイスを操作に割り当てるための最良の方法を自動的に決定します。以下のリストに示すように、セッションの作成時にlog_device_placements = Trueオプションを追加で渡すことで、自分のハードウェア上で計算が起こる箇所を正確に表示させることができます。

リスト 2.8　セッションのロギング

```
import tensorflow as tf

x = tf.constant([[1., 2.]])        # 行列を定義し、
negMatrix = tf.negative(x)          # それを符号反転する

with tf.Session(config=tf.ConfigProto(log_device_placement=True)) as sess:   # ログを有効にするためにコンストラクタに渡された特別な設定でセッションを開始する
    result = sess.run(negMatrix)    # negMatrix を評価する

print(result)                       # 結果を表示する
```

　これは、各操作に対してどの CPU / GPU デバイスがセッションで使用されているかに関する情報を出力します。たとえば、リスト 2.8 を実行すると、符号反転演算を実行するためにどのデバイスが使用されたかを示す次のような出力が得られます。

```
Neg : / job : localhost / replica : 0 / task : 0 / cpu : 0
```

　TensorFlow コードではセッションが不可欠です。あなたは実際に数学的な操作を「実行」するためにセッションを呼び出す必要があります。図 2.4 は、TensorFlow のコンポーネントが機械学習パイプラインとどのように相互作用するかを示しています。セッションはグラフ操作を実行するだけでなく、プレースホルダ、変数、定数を入力として使用することもできます。ここまでは定数を使用しましたが、後の節では変数とプレースホルダの使用を開始します。これらの 3 つのタイプの値の概要を簡単に説明します。

- **プレースホルダ**　割り当てられていない値だが、セッションが実行されるたびにセッションによって初期化される。通常、プレースホルダはモデルの入力と出力になっている。
- **変数**　機械学習モデルのパラメータなど、変更可能な値。変数は使用前にセッションによって初期化されなければならない。
- **定数**　ハイパーパラメータや設定など、変更されない値。

　TensorFlow のパイプラインによる機械学習全体は、図 2.4 のフローに従います。TensorFlow のコードのほとんどは、グラフとセッションの設定から成り立っています。実行用にグラフをセッションを設計した後に、コードはすぐに使用できます！

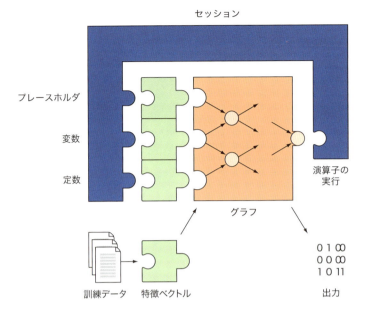

図 2.4　セッションは、グラフを最も効率的に処理するためにハードウェアがどのように使用されるかを指示する。セッションが開始されると、CPU および GPU デバイスが各ノードに割り当てられる。処理後、セッションは、NumPy 配列などの使用可能な形式でデータを出力する。セッションには、プレースホルダ、変数、定数をオプションで入力できる

2.5　Jupyter でのコードの記述

　TensorFlow は主に Python ライブラリであるため、Python のインタプリタをフルに活用する必要があります。**Jupyter** は言語の対話的な機能を実行する成熟した環境です。計算を美しく表示する Web アプリケーションであり、注釈付きの対話的なアルゴリズムを他の人と共有して、テクニックを教えたり、コードのデモを行うことができます。

　Jupyter の Notebook を他の人と共有してアイデアを交換したり、他の人のコードについて学ぶためにダウンロードすることもできます。Jupyter Notebook のインストールを開始するには、付録を参照してください。新しい端末から、TensorFlow コードを実行したい場所にディレクトリを変更し、Notebook サーバを起動します。

```
$ cd ~/MyTensorFlowStuff
$ jupyter notebook
```

　このコマンドを実行すると、Jupyter Notebook のダッシュボードで新しいブラウザウィンドウが起動するはずです。ウィンドウが自動的に表示されない場合は、任意のブラウザから http://localhost:8888 に手動で移動できます。すると図 2.5 に似たようなウェブページを見ることできるでしょう。

2.5　Jupyter でのコードの記述

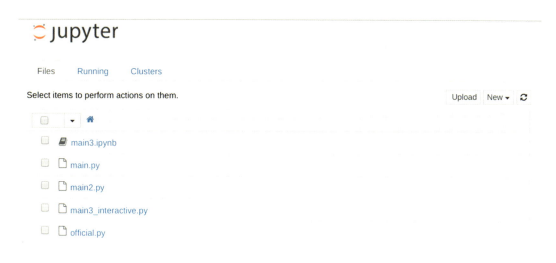

図 2.5　Jupiter Notebook を実行すると、http://localhost:8888 に対話ノートが起動する

　新しい Notebook を作るには、右上にある「New」のドロップダウンメニューをクリックします：ここでは「Notebooks」の「Python 3」を選択します。これにより、「Untitled.ipynb」という名前の新しいファイルが作成され、ブラウザインタフェースを介してすぐに編集を開始することができます。現在の「Untitled」の名前をクリックし、「TensorFlow Example Notebook」のようなもっと記憶に残るものを入力してて、ノートの名前を変更できます。

　Jupyter Notebook はすべて**セル**と呼ばれるコードまたはテキストの独立した塊です。セルは、長いコードブロックを管理しやすいコードスニペットとドキュメントに分割するのに役立ちます。セルを個別に実行することも、一度にすべてを順番に実行することもできます。セルを評価する 3 つの一般的な方法があります。

- セル上で Shift + Enter を押すと、セルが実行され、下にある次のセルがハイライト表示される。
- Ctrl + Enter を押すと、実行後に現在のセルにカーソルが維持される。
- Alt + Enter を押すとセルが実行され、新しい空のセルがすぐ下に挿入される。

　図 2.6 に示されているように、ツールバーのドロップダウンをクリックしてセルタイプを変更することができます。または、Esc キーを押して編集モードを終了し、矢印キーを使用してセルを強調表示し、Y を押してコードモードに変更するか、M でマークダウンモードに変更します。

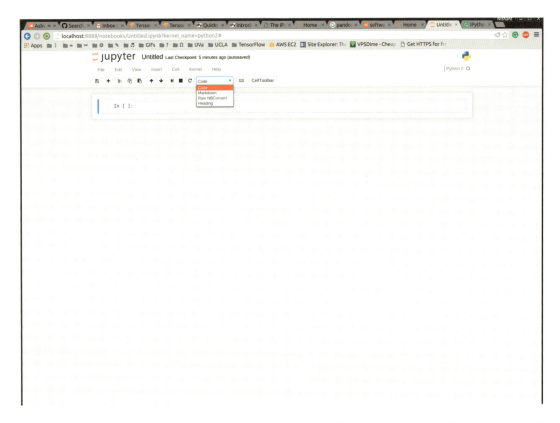

図 2.6 ドロップダウンメニューでノートのセルのタイプを変更する。「コード」セルは Python コード用で、「Markdown」コードはテキスト記述用である

　最後に、図 2.7 に示すように、コードとテキストセルを交互に配置して TensorFlow コードをエレガントに示す Jupyter のノートを作成することができます。

演習 2.3　図 2.7 をよく見ると、`tf.negative` ではなく `tf.neg` を使っていることに気付くと思います。ちょっと変わっていますね。なぜそのようになっているのか説明できますか？

解答
TensorFlow ライブラリは命名規則を変更したため、オンラインの古い TensorFlow チュートリアルを実行すると、このような状況に遭遇する可能性があります。

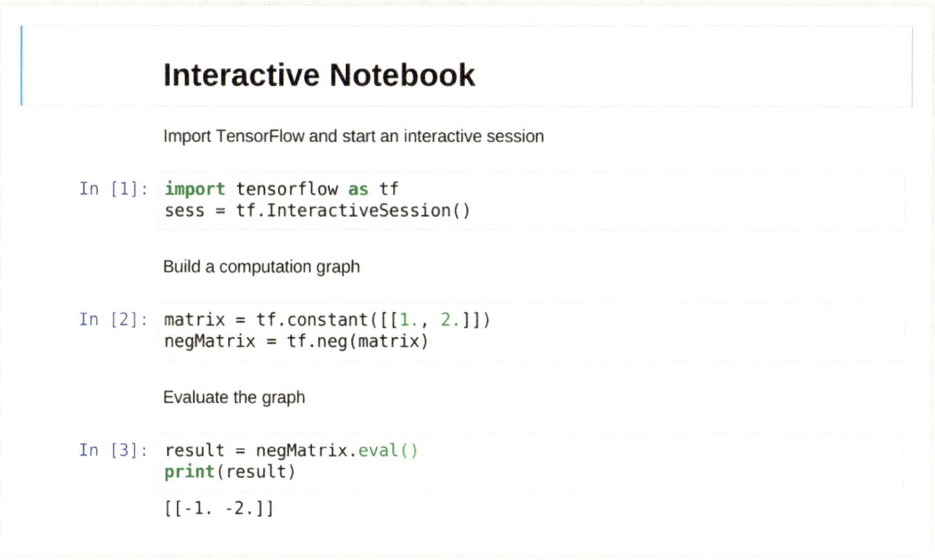

```
Interactive Notebook

Import TensorFlow and start an interactive session

In [1]: import tensorflow as tf
        sess = tf.InteractiveSession()

Build a computation graph

In [2]: matrix = tf.constant([[1., 2.]])
        negMatrix = tf.neg(matrix)

Evaluate the graph

In [3]: result = negMatrix.eval()
        print(result)
        [[-1. -2.]]
```

図 2.7　対話的な Python のノートは、コードとコメントの両方を並べて表示する

2.6　変数の使用

　TensorFlow 定数を使用するのは最初は良いかもしれませんが、最も面白い活用はデータを変更しなければならない場合です。例えば神経科学者は、感覚測定から神経活動を検出することに関心があるかもしれません。神経活動が急上昇するのは、時間とともに変化するブール変数である可能性があります。これを TensorFlow で取得するには、`Variable` クラスを使用して、時間の経過とともに値が変化するノードを表します。

> **機械学習での変数オブジェクトの使用例**
>
> 　多くの点に最もよく合う直線の方程式を見つけることは、次の章でより詳しく説明する古典的な機械学習の問題です。アルゴリズムはまず推測から始まります。これは、いくつかの数（例えば、傾きや y 切片）によって特徴付けられる方程式です。時間が経つにつれて、アルゴリズムはこれらの数値の推測をますます良くしていますが、これは**パラメータ**とも呼ばれます。
>
> 　これまでは定数の操作しか行っていませんでした。定数だけのプログラムは実際のアプリケーションでは面白くないので、TensorFlow では変数などの豊富なツールを使用できます。これは時間とともに変化する可能性のある値の入れ物です。機械学習アルゴリズムは、それぞれの変数の最適値を見つけるまで、モデルのパラメータを更新します。機械学習の世界では、パラメータが最終的に落ち着くまで変動するのが一般的です。したがって、変数はそれらのデータ構造の優れた選択肢です。

リスト 2.9 のコードは、変数を使用する方法を示す簡単な TensorFlow プログラムです。一連のデータが急激に増加するたびに変数を更新します。時間の経過とともにニューロンの活動の測定値を記録することを考えてください。このコードは、ニューロンの活動がいつ急増するかを検出できます。もちろん、アルゴリズムは教科書的ですので、単純すぎるものになっています。

TensorFlow のインポートから始めます。TensorFlow を使用すると、`tf.InteractiveSession()` を使用してセッションを宣言できます。対話セッションを宣言した場合、TensorFlow 関数はセッション属性を必要とせず、これにより、Jupyter Notebooks のコードを簡単に書くことができます。

リスト 2.9　変数の使用

```
import tensorflow as tf
sess = tf.InteractiveSession()

raw_data = [1., 2., 8., -1., 0., 5.5, 6., 13]
spike = tf.Variable(False)
spike.initializer.run()

for i in range(1, len(raw_data)):
    if raw_data[i] - raw_data[i-1] > 5:
        updater = tf.assign(spike, True)
        updater.eval()
    else:
        tf.assign(spike, False).eval()
    print("Spike", spike.eval())

sess.close()
```

- このような生データがあるとする
- 対話モードでセッションを開始するので、sess を使いまわす必要はない
- 一連の数値の突然の増加を検出するために、spike というブール変数を作成する
- すべての変数を初期化する必要があるため、初期化子で run() を呼び出して変数を初期化する
- データをループして、大幅な増加があった場合は spike を更新する
- 変数を更新するには、tf.assign(変数名, 新しい値) を使用して新しい値を割り当てる。それを評価して変更を確認する
- 使い終わったらセッションを終了することを忘れないように注意する

リスト 2.9 の出力は、時間の経過による変数 `spike` の値のリストです。

```
('Spike', False)
('Spike', True)
('Spike', False)
('Spike', False)
('Spike', True)
('Spike', False)
('Spike', True)
```

2.7 変数の保存と読み込み

大きめのコードブロックを書くとき、一部分を個別にテストしたいと考えています。複雑な機械学習の状況では、既知のチェックポイントでデータを保存して読み込むと、コードをデバッグするのがずっと簡単になります。TensorFlow は、変数値を保存してディスクに読み込むための洗練されたインターフェイスを提供します。その使用方法を見てみましょう。

リスト 2.9 で作成したコードを書き替えて spike のデータをディスクに保存し、別の場所にロードできるようにしましょう。変数 spike を単純なブール値から spike の履歴を取得するブール値のベクトルに変更します（リスト 2.10）。あとで同じ名前でロードできるように、変数に明示的に名前を付けることに注意してください。変数の命名はオプションですが、コードを整理することを強くお勧めします。このコードを実行して結果を確認してください。

リスト 2.10 変数の保存

```python
import tensorflow as tf
sess = tf.InteractiveSession()

raw_data = [1., 2., 8., -1., 0., 5.5, 6., 13]
spikes = tf.Variable([False] * len(raw_data), name='spikes')
spikes.initializer.run()

saver = tf.train.Saver()

for i in range(1, len(raw_data)):
    if raw_data[i] - raw_data[i-1] > 5:
        spikes_val = spikes.eval()
        spikes_val[i] = True
        updater = tf.assign(spikes, spikes_val)
        updater.eval()

save_path = saver.save(sess, "spikes.ckpt")
print("spikes data saved in file: %s" % save_path)

sess.close()
```

ファイルがいくつか生成されたことがわかると思います（ソースコードと同じディレクトリにある spikes.ckpt がその 1 つです）。コンパクトに保存されたバイナリファイルなので、テキストエディタで簡単に変更することはできません。このデータを取得するには、次のリストに示すように、`saver` の `restore` 関数を使用できます。

リスト 2.11　変数の読み込み

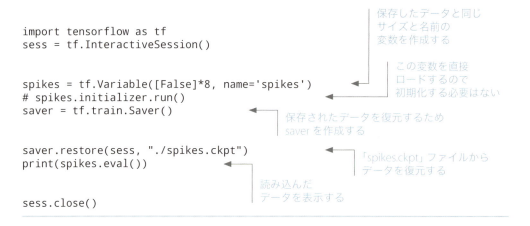

2.8　TensorBoard を使用したデータの視覚化

　機械学習では、最も時間のかかる部分は通常プログラミングではなく、コードの実行が完了するのを待つ時間です。たとえば、ImageNet と呼ばれる有名なデータセットがあります。このデータセットには、機械学習の場面で使用するために用意された 1400 万を超える画像が含まれています。大規模なデータセットを使用してアルゴリズムの訓練を終了するには、数日から数週間かかることがあります。TensorFlow には、グラフの各ノードで値がどのように変化しているかをすばやく見るための TensorBoard という便利なダッシュボードが付属しています。こうすることで、自分のコードがどのように実行されているかを知ることができます。

　現実の例で時間の経過とともに変数の傾向を視覚化する方法を見てみましょう。本節では、TensorFlow で移動平均アルゴリズムを実装し、次に TensorBoard で視覚化に関心のある変数を注意深く追跡します。

2.8.1　移動平均法の実装

　このセクションでは、TensorBoard を使用してデータの変化を視覚化します。ある企業の平均株価を計算することに興味があるとします。通常、平均の計算はすべての値を合計し、値の総数で割る単純なものであり、平均＝ $(x_1 + x_2 + ... + x_n) / n$ となります。値の総数が不明な場合、**指数平均法**と呼ばれる手法を使用して、未知数のデータの平均値を推定することができます。指数平均アルゴリズムは、前の推定平均および現在の値の関数として現在の推定平均を計算します。

2.8 TensorBoardを使用したデータの視覚化

もう少し簡単に書くと、$Avg_t = f(Avg_{t-1}, x_t) = (1 - \alpha) Avg_{t-1} + \alpha x_t$ のようになります。アルファ（α）は、調整用のパラメータであり、最近の値が平均の計算においてどの程度偏りが強いかを表します。α の値が高いほど、計算された平均値は以前に推定された平均値とは大きく異なります。図 2.8（リスト 2.16 のあとに登場します）は、TensorBoard が時間とともに値と対応する実行平均をどのように視覚化するかを示しています。

これをコード化するときは、反復ごとに行われる主要な計算について考えることをお勧めします。今回の場合、反復ごとに $Avg_t = (1-\alpha) Avg_{t-1} + \alpha x_t$ を計算します。そうやって、数式通りに TensorFlow 演算子（リスト 2.12）を設計することができます。このコードを実行するには、`alpha`、`curr_value`、`prev_avg` を最終的に定義する必要があります。

リスト 2.12　平均更新演算子の定義

```
update_avg = alpha * curr_value + (1 - alpha) * prev_avg
```

alpha は tf.constant、curr_value はプレースホルダ、prev_avg は変数である

あとで未定義の変数を定義します。このような方法でコードを書いている理由は、まずインターフェイスを定義すると、インターフェイスを満たすために、周辺部分の設定コードを実装する必要があるからです。先に進んでセッション部分に飛び、アルゴリズムがどう動くべきかを見てみましょう。次のリストではループを設定し、ループ内で繰り返し `update_avg` 演算子を呼び出します。`update_avg` 演算子の実行は `curr_value` に依存します。これは `feed_dict` 引数を使用して行われます。

リスト 2.13　指数平均アルゴリズムの繰り返し実行

```python
raw_data = np.random.normal(10, 1, 100)

with tf.Session() as sess:
    for i in range(len(raw_data)):
        curr_avg = sess.run(update_avg, feed_dict={curr_value:raw_data[i]})
        sess.run(tf.assign(prev_avg, curr_avg))
```

定義されていない変数を書き出すだけなので、全体像ははっきりしています。残りの部分を埋めて、TensorFlow コードの作業部分を実装しましょう。コードを実行できるように、リスト 2.14 をコピーしてください。

リスト 2.14　指数平均アルゴリズムを完成させるために欠けているコードを埋め込む

```
import tensorflow as tf
import numpy as np

raw_data = np.random.normal(10, 1, 100)

alpha = tf.constant(0.05)
curr_value = tf.placeholder(tf.float32)
prev_avg = tf.Variable(0.)
update_avg = alpha * curr_value + (1 - alpha) * prev_avg

init = tf.global_variables_initializer()

with tf.Session() as sess:
    sess.run(init)
    for i in range(len(raw_data)):
        curr_avg = sess.run(update_avg, feed_dict={curr_value: raw_data[i]})
        sess.run(tf.assign(prev_avg, curr_avg))
        print(raw_data[i], curr_avg)
```

- 平均値が10で標準偏差が1の1000個の数値のベクトルを作成する
- alphaを定数として定義する
- プレースホルダは変数と似ているが、値はセッションから入る
- データを1つずつループして平均を更新する
- 前の平均をゼロに初期化する

2.8.2　移動平均の視覚化

移動平均アルゴリズムの実装が完了しましたので、TensorBoardを使用して結果を視覚化しましょう。TensorBoardを使った視覚化は通常2段階のプロセスとなります。

1. `summary`で注釈を付けることで、どのノードを測定したいのかを選び出す。
2. `add_summary`を呼び出して、ディスクに書き込むデータをキューに入れる。

たとえば、次のリストに示すように、`img`というプレースホルダと`cost`という操作があるとします。TensorBoardで視覚化できるように、(それぞれに`img`や`cost`などの名前を付けることで)注釈を付けることができます。移動平均の例と似たようなことを行います。

リスト 2.15　Annotating with a summary op

```
img = tf.placeholder(tf.float32, [None, None, None, 3])
cost = tf.reduce_sum(...)

my_img_summary = tf.summary.image("img", img)
my_cost_summary = tf.summary.scalar("cost", cost)
```

より一般的には、TensorBoardと通信するには`Summary`演算子を使用する必要があります。

`Summary`は、`SummaryWriter`で使用されるシリアル化された文字列を生成してディレクトリに更新を保存します。

SummaryWriter から add_summary メソッドを呼び出すたびに、TensorFlow はディスクにデータを保存して TensorBoard を使用します。

> **注意** add_summary 関数をあまり頻繁に呼び出さないように注意してください！ 呼び出しすぎるとより高い解像度の視覚化が可能になりますが、計算量が増え、学習が若干遅くなってしまいます。

次のコマンドを実行して、このソースコードと同じフォルダに「logs」というディレクトリを作成します。

```
$ tensorboard --logdir=./logs
```

引数として渡される「logs」ディレクトリの場所を指定して TensorBoard を実行します。

```
$ tensorboard --logdir=./logs
```

ブラウザを開き、TensorBoard のデフォルト URL である http://localhost:6006 に移動します。次のリストは、SummaryWriter をコードに接続する方法を示しています。それを実行し、TensorBoard をリフレッシュして視覚化を確認します。

リスト 2.16　TensorBoard で表示するサマリー（概要）を書く

```python
import tensorflow as tf
import numpy as np

raw_data = np.random.normal(10, 1, 100)

alpha = tf.constant(0.05)
curr_value = tf.placeholder(tf.float32)
prev_avg = tf.Variable(0.)
update_avg = alpha * curr_value + (1 - alpha) * prev_avg

avg_hist = tf.summary.scalar("running_average", update_avg)      # 平均のサマリーノードを作成する
value_hist = tf.summary.scalar("incoming_values", curr_value)    # 値のサマリーノードを作成する
merged = tf.summary.merge_all()                                   # まとめて実行しやすくするためサマリーをマージする
writer = tf.summary.FileWriter("./logs")                          # 「logs」ディレクトリの場所を writer に渡す
init = tf.global_variables_initializer()

with tf.Session() as sess:
    sess.run(init)
    sess.add_graph(sess.graph)                                    # オプションだが、TensorBoard で計算グラフを視覚化することができる
    for i in range(len(raw_data)):
```

```
        summary_str, curr_avg = sess.run([merged, update_avg],
                                feed_dict={curr_value: raw_data[i]})
        sess.run(tf.assign(prev_avg, curr_avg))
        print(raw_data[i], curr_avg)
        writer.add_summary(summary_str, i)
```

merged と update_avg を同時に実行する

サマリーを writer に追加する

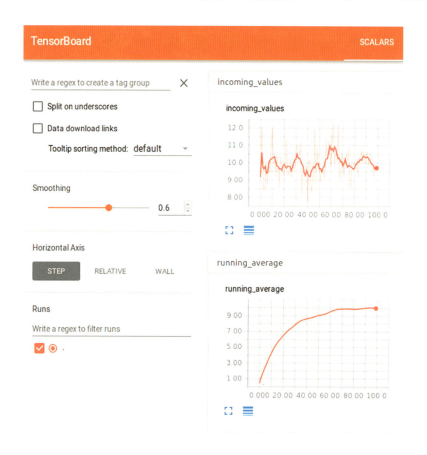

図 2.8 リスト 2.16 で作成した **TensorBoard** のサマリー画面。**TensorBoard** は **TensorFlow** で生成されたデータを視覚化するための使いやすいインターフェイスを提供する

注意 TensorBoard を開始する前に TensorFlow セッションが終了していることを確認する必要があります。リスト 2.16 を再実行する場合は、ログディレクトリをクリアする必要があります。

2.9 まとめ

- 計算のフローチャートの観点から数学的アルゴリズムを考え始めるべきである。各ノードを操作として、辺をデータフローとして考えると、TensorFlow コードの作成は簡単になる。グラフを定義した後は、それをセッションの下で評価し、結果が得られる。
- TensorFlow は計算をグラフとして表すだけのものでないことは間違いない。次章で説明するように、いくつかの組込み関数は機械学習の分野に合わせて調整されている。実際に、TensorFlow は画像を処理する現在普及しているモデル（音声やテキストでも良い結果が得られる）である畳み込みニューラルネットワークのための最良のサポートもある。
- TensorBoard を使用すると、TensorFlow コードのデータがどのように変化するかを視覚化するだけでなく、データの傾向を調べることでバグの解決を簡単に行うことができる。
- TensorFlow は Jupyter notebooks を使うとすばらしく機能する。Jupyter Notebooks は Python コードを共有してドキュメント化するためのエレガントな対話的媒体である。

Part 2

主要な学習アルゴリズム

バラク・オバマ前米国大統領が「豚に口紅を付けることはできるが、豚は豚のままだ（うわべだけ取り繕っても、物事の本質は変わらない）」と言ったとき、彼は機械学習の最も複雑な考え方がいくつかの基本的な考え方に集約されることを指摘しませんでした。指摘してくれたらよかったのですが。
　例えば、主要なアルゴリズムは回帰、分類、クラスタリング、隠れマルコフモデルです。これらの概念については、各章で順次詳細に説明していきます。
　これら4つの章をマスターしたら、同様の技術を用いて現実の問題の大部分がどのように解決できるのかを知ることになるでしょう。これらの主要な学習アルゴリズムによる設計を用いて、かつては異質であったり直感的でなかった複雑な問題も解決できるようになりました。

3章　線形回帰とその先

4章　クラス分類の簡単な紹介

5章　自動的にデータをクラスタリングする

6章　隠れマルコフモデル

線形回帰とその先

> **本章の内容**
> - 直線でデータ点を近似する
> - 任意の曲線でデータ点を近似する
> - これらの回帰アルゴリズムのパフォーマンステスト
> - 実世界のデータに回帰式を適用する

　高等学校での理科を覚えていますか？　少し前のことかもしれませんが、もしかしたら機械学習の旅は高校の頃から始まっていたのかもしれません。いずれにせよ、生物、化学、物理を問わずデータを分析するための一般的な手法は、1つの変数の変更が他の変数にどのように影響するかをプロットすることです。

　降雨頻度と農業生産との間の相関をプロットすると想像してください。雨量が増加するとによって農業生産率が上昇することがあるかもしれません。これらのデータ点に直線を当てはめることにより、異なる雨の条件下での農業生産率についての予測を行うことができます。いくつかのデータ点から基礎となる関数を発見すると、その学習関数は、目に見えないデータの値についての予測を可能にします。

　回帰は、データを要約するために曲線を最適にフィットさせる方法の研究です。それは教師あり学習アルゴリズムの最も強力でよく研究されたタイプの1つです。回帰では、データ点を生成した可能性のある曲線を発見することによってデータ点を理解しようとします。そうすることで、私たちは、与えられたデータがそのように散らばっている理由を説明しようとします。最適な曲線は、データセットがどのように生成されたかを説明するモデルを提供します。

　この章では、回帰を使用する現実の問題を定式化する方法を説明します。ご覧のとおり、TensorFlowは最も強力な予測因子を提供する確かなツールです。

3.1　公式表記法

　ハンマーを使うとするなら、すべての問題は釘のようなものです。本章では、まず主要な機械学習ツールと回帰を示し、正確な数学記号を使用して正式に定義します。最初に回帰を学ぶことは素晴らしい考えです。あなたが開発するスキルの多くがこの先の章で論じられる他のタイプの問題に引き継がれるからです。本章の最後で、回帰はあなたの機械学習ツールの箱の「ハンマー」となるでしょう。

　人がビールのボトルにどれくらいのお金を使ったかに関するデータがあるとしましょう。アリスは2ボトルに4ドル、ボブは3ボトルに6ドル、クレアは4ボトルに8ドル使いました。ボトルの数が全費用をどのように変化させるかを説明する式を見つけたいと考えています。例えば、線形方程式 $y = 2x$ は、特定の数のボトルを購入する費用、次にビールの各ボトルの費用を調べることができます。

　直線がデータ点に適合するように見える場合、線形モデルがうまく機能すると主張することができます。そこで、2という値を選択する代わりに、考え得る傾きを試してみました。傾きの選択が**パラメータ**であり、パラメータを含む方程式が**モデル**です。

機械学習の用語で言えば、最良適合曲線の方程式は、モデルのパラメータを学習することから来ています。

別の例として、方程式 $y = 3x$ も、より急な傾きであることを除けば直線です。その係数を任意の実数で置き換えることができます。それを w と呼ぶことにします。式は、$y = wx$ の直線を生成します。図 3.1 は、パラメータ w の変更がモデルに与える影響を示しています。このようにして生成できるすべての方程式の集合は、$M = \{y = wx \mid w \in \mathbb{R}\}$ となります。

これは、「w が実数であるようなすべての方程式 $y = wx$」という意味です。

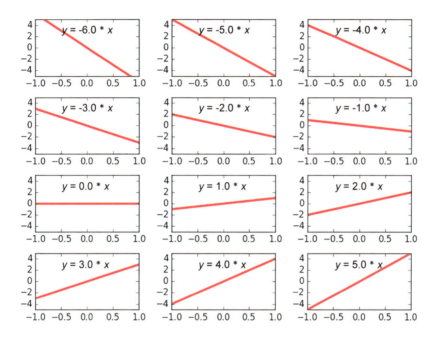

図 3.1　異なる 1 次方程式ではパラメータ w の値が異なる。これらの線形方程式の集合は、線形モデル M を構成するものである

M は考え得るすべてのモデルの集合です。w の値を選択すると、候補モデル $M(w)$：$y = wx$ が生成されます。TensorFlow で書き込む回帰アルゴリズムは、モデルのパラメータ w を徐々に良い値になるように繰り返し収束していきます。最適なパラメータは、w^*（**w スター**と発音します）と呼ばれるものが最適な式 $M(w^*)$：$y = w^*x$ です。

最も一般的な意味では、回帰アルゴリズムは関数を設計しようとします。関数を f と呼びましょう。入力を出力にマップします。関数のドメインは実数値のベクトル $\mathbb{R}^d$ であり、範囲は実数の集合 $\mathbb{R}$ です。

> **注意**
> 回帰は、ただ 1 つの実数ではなく、複数の出力で行うこともできます。
> その場合の回帰を**多変量回帰**と呼びます。

関数の入力は、連続的であっても離散的であってもかまいません。図 3.2 に示すように、出力は連続的でなければなりません。

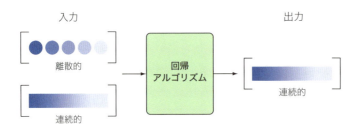

図 3.2 回帰アルゴリズムは連続的出力を生成することを意図する。入力は離散的でも連続的でも可。離散値出力は次章で説明するように、分類によってよりよく処理されるため、この区別は重要である

> **注意**
> 回帰は連続的な出力を予測しますが、過剰になる場合もあります。場合によっては 0 や 1 などの離散出力を予測したいのですが、中間の出力を予測しないこともあります。分類はそのようなタスクに適した技法であり、第 4 章で説明します。

本質的には入力と出力の対であるデータ点とよく一致する関数 f を発見したいと考えています。残念ながら、考え得る関数は無限にありますので、1 つずつ試してみることはできません。選択肢が多すぎる場合は、通常は悪い考えです。扱う関数の範囲を狭めることが必要です。たとえば、一連のデータ点に合わせて直線のみを見るようにすると探索がはるかに簡単になります。

> **演習 3.1** 10 個の整数を 10 個の整数にマッピングする関数はいくつありますか？ 例えば、$f(x)$ は 0 から 9 までの数字をとり、0 から 9 の数字を生成する関数であるとします。たとえば、$f(0) = 0$、$f(1) = 1$ など、入力と同じ値を返すような関数です。他にはいくつの関数が存在しますか？
>
> **解答**
> $10^{10} = 10,000,000,000$

3.1.1 回帰アルゴリズムが動作していることをどのように知るか

住宅市場予測アルゴリズムを不動産会社に売ろうとしているとしましょう。そのアルゴリズムは、寝室数や土地の広さなどのいくつかの特性を考慮して、住宅価格を予測します。不動産会社はそのような情報で数百万ドルを簡単に作り出すことができますが、あなたからアルゴリズムを購入する前にそれが働くという証拠が必要です。

学習アルゴリズムが成功したかどうかを測定するには、2つの重要な概念、バリアンスとバイアスを理解する必要があります。

- **バリアンス**は、どの訓練セットが使用されたかの予測がどの程度影響を受けやすいかです。理想的には、訓練セットをどのように選択するかは重要ではありません。つまり、バリアンスが小さいことが望ましいということです。
- **バイアス**は、訓練データセットについて行われた仮定の強さです。あまりにも多くの仮定を立てることは、一般化するのが難しくなる可能性があるので、バイアスも小さい方が好ましいということになります。

モデルが柔軟すぎると、有益なパターンを解決する代わりに誤って訓練データを記憶してしまうことがあります。曲線関数がデータセットのすべての点を通り、誤差が発生していないように見えます。そのようなことが起こってしまうと、学習アルゴリズムが**過学習**（overfitting）していると言います。この場合、最適な曲線は訓練データとよく一致します。しかしテストデータ（図3.3を参照）で評価すると、ひどい結果になる可能性があります。

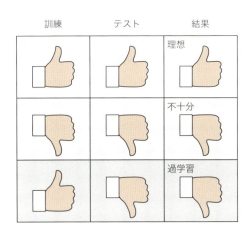

図3.3 理想的には、最適な曲線は訓練データとテストデータの両方に適してる。しかし訓練データがテストデータよりもはるかに適合していれば、モデルは不十分である可能性がある。テストデータのパフォーマンスが低下し訓練データがうまくいく場合は、モデルが過学習していることがわかる

対極的に、柔軟ではないモデルは未知のテストデータに対しては良くなりますが、訓練データに対しては比較的低いスコアになります。そのような状況を**未学習**（underfitting）といいます。柔軟すぎるなモデルはバリアンスが高く、バイアスが低く、モデルがあまりに厳格すぎるとバリアンスが低くバイアスが高いということになります。理想的には、バリアンス誤差とバイアス誤差がいずれも小さいモデルが必要です。そのよう

にして、目に見えないデータを一般化し、データの規則性を捉えます。2Dのデータ点の未学習と過学習のモデルの例としては図3.4を参照してください。

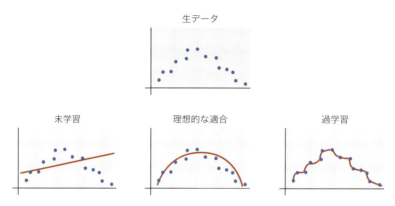

図3.4　未学習と過学習の例

具体的には、モデルのバリアンスは応答がどれほど悪く変動するかの尺度であり、バイアスは応答がグランドトゥルースに対してどれほど弱いかの尺度です。モデルは正確さ（低バイアス）と再現性（低バリアンス）を持つ結果を達成したいと考えます。

> **演習 3.2** モデルが $M(w): y = wx$ であるとしましょう。重みパラメータ w の値が0〜9の整数でなければならない場合、考え得る関数はいくつ生成できますか？
>
> **解答**
> 10個だけ、すなわち $\{y = 0, y = x, y = 2x, ..., y = 9x\}$

要約すると、モデルが訓練データに対してどの程度効果的であるかを測定しても、一般性の大きな指標にはならないということです。訓練データの代わりに、別に用意したテストデータでモデルを評価する必要があります。モデルが訓練データに対して優れたパフォーマンスを発揮しても、テストデータに対してパフォーマンスが悪ければ、モデルは訓練データを過学習している可能性があります。テスト誤差と訓練誤差が同時に発生し、両方の誤差が似ている場合は、モデルがうまく適合しているか、誤差が大きい場合には未学習である可能性があります。

機械学習の成功を測定するために、データセットを訓練データセットとテストデータセットの2つのグループに分割します。モデルは訓練データセットを使用して学習され、パフォーマンスはテストデータセットで評価されます（正確にパフォーマンスを評価する方法については次節で説明します）。生成できる多くの重みパラメータのうち、目標はデータに最も適したものを見つけることです。**最適**であるかどうかを測定する方法は、コスト関数を定義することです。これについては、次の節で詳しく説明します。

3.2 線形回帰

線形回帰の中心に移るため、偽のデータを作成することから始めましょう。regression.py という Python ソースファイルを作成し、次のリストに従ってデータを初期化します。コードは図 3.5 のような出力を生成します。

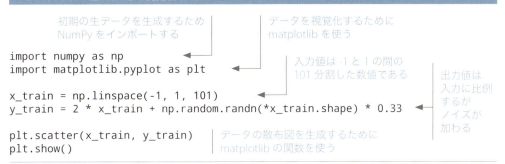

リスト 3.1　生の入力を視覚化する

```
import numpy as np
import matplotlib.pyplot as plt

x_train = np.linspace(-1, 1, 101)
y_train = 2 * x_train + np.random.randn(*x_train.shape) * 0.33

plt.scatter(x_train, y_train)
plt.show()
```

初期の生データを生成するため NumPy をインポートする

データを視覚化するために matplotlib を使う

入力値は -1 と 1 の間の 101 分割した数値である

出力値は入力に比例するがノイズが加わる

データの散布図を生成するために matplotlib の関数を使う

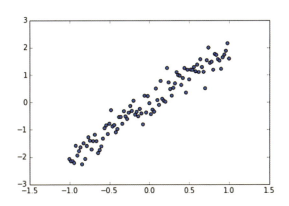

図 3.5　y = x +(ノイズ) の散布図

　データ点が得られましたので、直線で近似することができます。最低でも、TensorFlow に試してみる候補パラメータごとにスコアを提供する必要があります。このスコアの割り当ては、通常**コスト関数**と呼ばれます。コストが高いほど、モデルパラメータは悪化します。例えば、最適な直線が $y = 2x$ である場合、パラメータが 2.01 の場合はコストが低くなり、-1 ならコストが高くなるはずです。

　図 3.6 に示すように、その状況をコスト最小化問題として定義した後、TensorFlow は内部動作を処理し、効率的にパラメータを更新して最終的に最適値に到達しようとします。すべてのデータをループしてパラメータを更新する各ステップは**エポック**と呼ばれます。

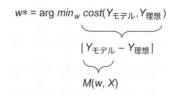

図3.6　どのパラメータ w が最小になってもコストは最適である。コストは理想値とモデル応答値との誤差のノルムとして定義される。応答値はモデルセット内の関数から計算される

この例では、コストを定義する方法は誤差の合計です。x を予測する際の誤差は、多くの場合実際の値 $f(x)$ と予測の値 $M(w, x)$ との間の二乗差によって計算されます。したがって、コストは図3.7 に示すように実際の値と予測値の差の平方和になります。

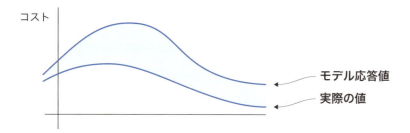

図3.7　コストは点ごとに対するモデル応答値と真の値の差のノルムである

前のコードを次のリスト3.2 のように更新します。このコードはコスト関数を定義し、モデルパラメータの最適解を見つけるために TensorFlow にオプティマイザを実行するように求めます。

リスト3.2　線形回帰の解法

```python
import tensorflow as tf
import numpy as np
import matplotlib.pyplot as plt

learning_rate = 0.01
training_epochs = 100

x_train = np.linspace(-1, 1, 101)
y_train = 2 * x_train + np.random.randn(*x_train.shape) * 0.33

X = tf.placeholder(tf.float32)
Y = tf.placeholder(tf.float32)

def model(X, w):
    return tf.multiply(X, w)

w = tf.Variable(0.0, name="weights")
```

- 学習アルゴリズムのため TensorFlow をインポートする。初期データの設定には NumPy が必要である。データを視覚化するためには matplotlib を使用する
- 学習アルゴリズムで使用する定数をいくつか定義する。定数はハイパーパラメータと呼ばれる
- 最適な直線を見つけるため偽のデータを設定する
- x_train と y_train によって値が入るので、入出力ノードをプレースホルダとして設定する
- モデルを $y = w * x$ と定義する
- 重み変数を設定する

3.2 線形回帰

```
        y_model = model(X, w)
        cost = tf.square(Y-y_model)

        train_op = tf.train.GradientDescentOptimizer(learning_rate).minimize(cost)

        sess = tf.Session()
        init = tf.global_variables_initializer()
        sess.run(init)

        for epoch in range(training_epochs):
            for (x, y) in zip(x_train, y_train):
                sess.run(train_op, feed_dict={X: x, Y: y})

        w_val = sess.run(w)

        sess.close()
        plt.scatter(x_train, y_train)
        y_learned = x_train*w_val
        plt.plot(x_train, y_learned, 'r')
        plt.show()
```

コスト関数を定義する

セッションを設定し、すべての変数を初期化する

データセットを何度もループする

データセットの各項目をループする

最終的なパラメータの値を取得する

セッションを閉じる

最適な直線をプロットする

元のデータをプロットする

コスト関数を最小化するためにモデル関数を更新する

学習アルゴリズムの反復ごとに呼び出される操作を定義する

図 3.8 に示すように、TensorFlow を使用して線形回帰を解いただけです！ 好都合なことに、回帰の残りの話題はリスト 3.2 のわずかな変更です。パイプライン全体では、図 3.9 に要約されているように、TensorFlow を使用してモデルパラメータを更新します。

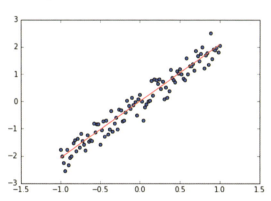

図 3.8　リスト 3.2 を実行して示される線形回帰推定

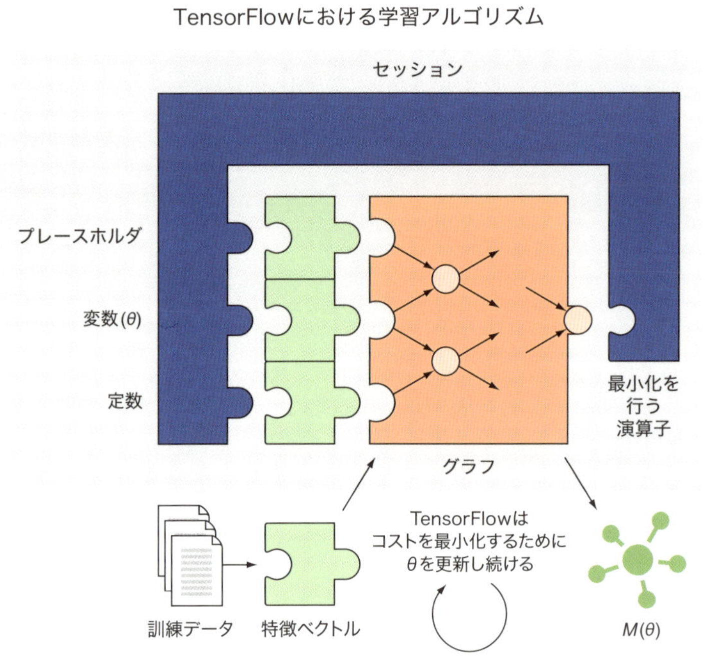

TensorFlowにおける学習アルゴリズム

図 3.9 学習アルゴリズムはコスト関数を最小化するようにモデルのパラメータを更新する

　TensorFlowで簡単な回帰モデルを実装する方法を学びました。

　さらに改良を加えるには、前述したように、バリアンスとバイアスの正しいバランスでモデルを強化することに尽きます。たとえば、これまでに設計した線形回帰モデルはバイアスが大きくなっています。これでは線形関数のような限定された関数の集合しか表現できません。次節では、より柔軟なモデルに挑戦してみましょう。TensorFlowグラフは再構築する必要がありますが、他はすべて（前処理、訓練、評価など）は同じままです。

3.3 多項式モデル

　線形モデルは直感的な最初の推測かもしれませんが、実際の相関関係はそれほど単純ではありません。例えば、空間を通るミサイルの軌道は、地球上の観測者に対して曲がっています。**Wi-Fi**の信号強度は逆二乗則で劣化します。生涯にわたる花の高さの変化は確かに線形ではありません。

　データ点が直線ではなく滑らかな曲線を描くように見える場合、回帰モデルを直線から別のものに変更する必要があります。そのようなアプローチの1つは、多項式モデルを使用することです。**多項式**は、線形関数の一般化です。**n次多項式**は次のようになります。

$$f(x) = w_n x^n + \dots + w_1 x + w_0$$

3.3 多項式モデル

> **注意** $n=1$ のとき、多項式は単なる線形方程式 $f(x) = w_1 x + w_0$ になります。

図3.10の散布図を考慮して、x軸の入力とy軸の出力を示します。見てわかるように、直線はすべてのデータを記述するには不十分です。多項式関数は、線形関数をより柔軟に一般化したものです。

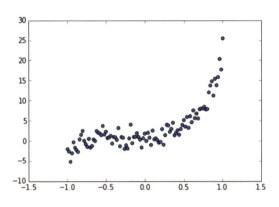

図3.10 このようなデータ点は線形モデルに適さない

この種のデータに多項式で近似してみましょう。polynomial.py という名前の新しいファイルを作成し、次のリストに従います。

リスト 3.3　多項式モデルを使う

```python
import tensorflow as tf
import numpy as np
import matplotlib.pyplot as plt

learning_rate = 0.01
training_epochs = 40

trX = np.linspace(-1, 1, 101)

num_coeffs = 6
trY_coeffs = [1, 2, 3, 4, 5, 6]
trY = 0
for i in range(num_coeffs):
    trY += trY_coeffs[i] * np.power(trX, i)
trY += np.random.randn(*trX.shape) * 1.5

plt.scatter(trX, trY)
plt.show()

X = tf.placeholder(tf.float32)
Y = tf.placeholder(tf.float32)
```

関連ライブラリをインポートし、ハイパーパラメータを初期化する

偽の生入力データを設定する

5次の多項式に基づく生の出力データを設定する

ノイズを加える

生データの散布図を表示する

入出力ペアの値を保持するノードを定義する

```
        def model(X, w):
            terms = []
            for i in range(num_coeffs):                多項式モデルを
                term = tf.multiply(w[i], tf.pow(X, i))  定義する
                terms.append(term)
            return tf.add_n(terms)

        w = tf.Variable([0.] * num_coeffs, name="parameters")    要素がすべてゼロの
        y_model = model(X, w)                                     パラメータベクトルを
                                                                  設定する
前と同様
にコスト    cost = (tf.pow(Y-y_model, 2))
関数を     train_op = tf.train.GradientDescentOptimizer(learning_rate).minimize(cost)
定義する
         sess = tf.Session()
         init = tf.global_variables_initializer()
         sess.run(init)
                                                        前と同様に、
         for epoch in range(training_epochs):           セッションを設定し
             for (x, y) in zip(trX, trY):               学習アルゴリズムを
                 sess.run(train_op, feed_dict={X: x, Y: y})  実行する

         w_val = sess.run(w)
         print(w_val)

         sess.close()                          ←   終了したらセッションを閉じる

         plt.scatter(trX, trY)
         trY2 = 0
         for i in range(num_coeffs):                結果を
             trY2 += w_val[i] * np.power(trX, i)     プロットする

         plt.plot(trX, trY2, 'r')
         plt.show()
```

このコードの最終的な出力は、図 3.11 に示すようにデータに適合する 5 次の多項式です。

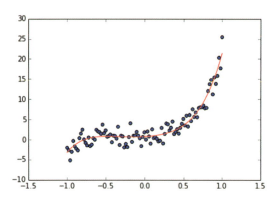

図 3.11 最適な近似曲線は非線形データの上を滑らかに通っている

3.4 正則化

前節で示したように、多項式の素晴らしい柔軟性に惑わされてはいけません。単に高次多項式が下位の多項式の拡張であるからといって、常により柔軟なモデルを使用する方が望ましいというわけではありません。

現実の世界では、生データは多項式に倣う滑らかな曲線を作ることはめったにありません。時間の経過とともに住宅価格をプロットしているとします。データに変動が含まれる可能性があります。回帰の目的は、単純な数学的方程式で複雑さを表現することです。モデルに柔軟性がない場合、モデルは入力の解釈を複雑にするかもしれません。

たとえば、図 3.12 のデータを参照してください。式 $y = x^2$ に従うように見える点に対し、8 次の多項式を当てはめようとします。アルゴリズムは多項式の 9 つの係数を更新するために最善を尽くすので、このプロセスは悲惨に結果に終わります。

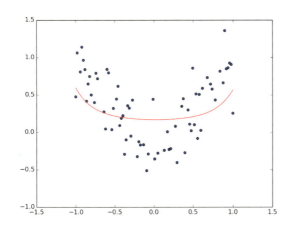

図 3.12 モデルが柔軟すぎる場合、最適近似曲線は扱いにくく複雑に見える。学習されたモデルはテストデータに対してうまく動作するように、近似の精度を上げるために正則化を使用する必要がある

正則化は、しばしば過学習の問題を解決するために、好ましい形でパラメータを構造化する技術です。このケースでは、学習された係数が第 2 項を除いてすべて 0 であると予測し、曲線 $y = x^2$ を生成します。回帰アルゴリズムはその点については何も考えていないので、スコアが上がっていても複雑すぎるように見える曲線を生成する可能性があります。

より小さい係数ベクトル (それを w としましょう) を生成する学習アルゴリズムに影響を及ぼすために、損失項にペナルティを加えるようにします。ペナルティ項の重要度を制御するために、次のようにペナルティに非負の定数 λ を掛けます。

$$Cost(X, Y) = Loss(X, Y) + \lambda |\omega|$$

λ を 0 に設定すると正則化は行われません。λ をより大きな値と大きい値に設定すると、より大きなノルムを持つパラメータには大きなペナルティが課せられます。ノルムの選択は場合によって異なりますが、通常 L1 か L2 ノルムによってパラメータが

測定されます。簡単に言えば、正則化は複雑になりやすそうなモデルの柔軟性の一部を減らすことです。

正則化パラメータλのどの値が最適になるかを理解するために、データセットを2つのセットに分割する必要があります。無作為に選択された入力/出力対の約70%は訓練データセットからなります。残りの30%はテストに使用されます。データセットの分割には、リスト3.4で提供されている関数を使用します。

リスト3.4　データセットをテストと訓練に分割する

```
def split_dataset(x_dataset, y_dataset, ratio):
    arr = np.arange(x_dataset.size)
    np.random.shuffle(arr)
    num_train = int(ratio * x_dataset.size)
    x_train = x_dataset[arr[0:num_train]]
    x_test = x_dataset[arr[num_train:x_dataset.size]]
    y_train = y_dataset[arr[0:num_train]]
    y_test = y_dataset[arr[num_train:x_dataset.size]]
    return x_train, x_test, y_train, y_test
```

注釈：
- 入力/出力データセットを希望の分割比で分割する
- 訓練サンプル数を計算する
- 数字のリストをシャッフルする
- x_datasetを分割するのにシャッフルしたリストを使う
- 同様に、y_datasetを分割する
- 分割したxとyのデータセットを返す

演習 3.3　scikit-learnと呼ばれるPythonライブラリは、多くの有用なデータ前処理アルゴリズムをサポートします。scikit-learnの関数を呼び出すことでリスト3.4に相当することを行うことができます。ライブラリのドキュメントでこの関数を見つけることができますか？

ヒント：http://scikit-learn.org/stable/modules/classes.html#module-sklearn.model_selection

解答
sklearn.model_selection.train_test_split という関数です。

この便利なツールを使用して、λのどの値がデータで最も優れているかをテストすることができます。

新しいPythonファイルを開き、次のリストに従ってください。

リスト 3.5　正則化パラメータの評価

```python
import tensorflow as tf
import numpy as np
import matplotlib.pyplot as plt

learning_rate = 0.001
training_epochs = 1000
reg_lambda = 0.

x_dataset = np.linspace(-1, 1, 100)

num_coeffs = 9
y_dataset_params = [0.] * num_coeffs
y_dataset_params[2] = 1
y_dataset = 0
for i in range(num_coeffs):
    y_dataset += y_dataset_params[i] * np.power(x_dataset, i)
y_dataset += np.random.randn(*x_dataset.shape) * 0.3

(x_train, x_test, y_train, y_test) = split_dataset(x_dataset, y_dataset, 0.7)

X = tf.placeholder(tf.float32)
Y = tf.placeholder(tf.float32)

def model(X, w):
    terms = []
    for i in range(num_coeffs):
        term = tf.multiply(w[i], tf.pow(X, i))
        terms.append(term)
    return tf.add_n(terms)

w = tf.Variable([0.] * num_coeffs, name="parameters")
y_model = model(X, w)
cost = tf.div(tf.add(tf.reduce_sum(tf.square(Y-y_model)),
                     tf.multiply(reg_lambda, tf.reduce_sum(tf.square(w)))),
              2*x_train.size)
train_op = tf.train.GradientDescentOptimizer(learning_rate).minimize(cost)

sess = tf.Session()
init = tf.global_variables_initializer()
sess.run(init)

for reg_lambda in np.linspace(0,1,100):
    for epoch in range(training_epochs):
        sess.run(train_op, feed_dict={X: x_train, Y: y_train})
    final_cost = sess.run(cost, feed_dict={X: x_test, Y:y_test})
    print('reg lambda', reg_lambda)
    print('final cost', final_cost)

sess.close()
```

関連ライブラリをインポートし、ハイパーパラメータを初期化する

偽のデータセットを作成する
y = x2

リスト3.4を用いてデータセットの70%を訓練用に、30%をテスト用に分割する

入出力プレースホルダを設定する

モデルを定義する

正則化されたコスト関数を定義する

セッションを設定する

正則化パラメータをいろいろ試してみる

セッションを閉じる

リスト 3.5 から各正則化パラメータごとに対応する出力をプロットすると、λ が増加するにつれて曲線がどのように変化するかがわかります。λ が 0 のとき、アルゴリズムはデータに適合するために高次の項を使用することを優先します。高い L2 ノルムでパラメータをペナルティ化すると、図 3.13 からも分かるように、コストが下がり過学習から回復していることが示されます。

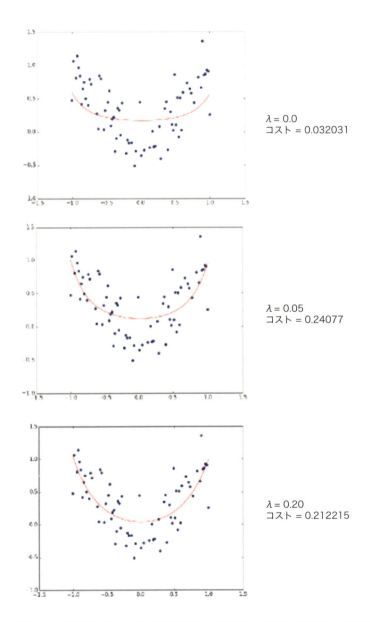

図 3.13　正則化パラメータをある程度大きくするとコストが下がる。これはモデルが過学習しており、正則化が構造を追加するのに役立つことを意味している

3.5 線形回帰の活用

偽のデータに対して線形回帰を実行するのは、新しい車を購入し、全く運転しないようなものです。このすばらしい機械が現実の世界を明らかにするのを願います！ 幸いにも、多くのデータセットはオンラインで入手でき、新しく発見した回帰の知識をテストすることができます。

- マサチューセッツ州立大学アマーストは、さまざまな種類の小さなデータセットを提供しています。：http://www.umass.edu/statdata/statdata/
- Kaggle には機械学習のあらゆる種類の大規模なデータがあります。：https://www.kaggle.com/datasets
- Data.gov は米国政府による公開データ構想で、多くの興味深く実用的なデータセットがあります：https://catalog.data.gov

かなりの数のデータセットには日付が含まれています。たとえば、カリフォルニア州ロサンゼルスにおける非緊急線 3-1-1 へのすべての電話に関するデータセットがあります。http://mng.bz/6vHx から入手できます。調べるのに便利な機能は、1日、1週間、1か月の電話の頻度です。次のリストを使用すると、データ項目の週別頻度カウントを取得できます。

リスト 3.6　生の CSV データセットを解析する

```python
import csv          # csv ファイルを簡単に読むため
import time         # 便利な日付関数を使用する場合

def read(filename, date_idx, date_parse, year, bucket=7):

    days_in_year = 365

    freq = {}                                    # 初期周波数マップを設定する
    for period in range(0, int(days_in_year / bucket)):
        freq[period] = 0

    with open(filename, 'rb') as csvfile:        # 期間ごとのデータと集計を読み取る
        csvreader = csv.reader(csvfile)
        csvreader.next()
        for row in csvreader:
            if row[date_idx] == '':
                continue
            t = time.strptime(row[date_idx], date_parse)
            if t.tm_year == year and t.tm_yday < (days_in_year-1):
                freq[int(t.tm_yday / bucket)] += 1

    return freq

freq = read('311.csv', 0, '%m/%d/%Y', 2014)      # 2014 年の 3-1-1 に電話があった 1 週間あたりの頻度を取得する
```

このコードは、線形回帰の訓練データを提供します。freq 変数は、期間（週など）を頻度カウントにマップする辞書です。bucket=7 のままにすると、1 年は 52 週間があるので 52 のデータ点になります。

これでデータ点が得られました。本章で取り上げた手法を用いて、回帰モデルに適合させるために必要な入力と出力が正確に得られました。より実際的には、学習されたモデルを使用して頻度カウントを内挿または外挿することができます。

3.6 まとめ

- 回帰は、連続値出力を予測するための教師あり機械学習の一種である。
- 一連のモデルを定義することにより、考え得る関数の探索空間を大幅に削減する。さらに TensorFlow は、効率的な勾配降下最適化を実行してパラメータを学習することにより、関数の微分可能な特性を利用できる。
- 線形回帰を簡単に変更して、多項式やその他の複雑な曲線を学習することができる。
- データの過学習を避けるため、より大きな価値のあるパラメータにペナルティを課してコスト関数を正則化する。
- 関数の出力が連続でない場合は、代わりに分類アルゴリズムを使用する必要がある（次章を参照）。
- TensorFlow は、線形回帰の機械学習問題を効果的かつ効率的に解くことができ、農業生産、心臓病、住宅価格などの重要な問題について有用な予測を行うことができる。

クラス分類の簡単な紹介

本章の内容
- 正式な表記法で書く
- ロジスティック回帰を使用する
- 混同行列を使って作業する
- マルチクラス分類の理解

　表示する広告のタイプを決定するためにユーザーの操作に関する情報を収集する広告代理店を想像してみてください。それほど珍しいことではありません。広告に頼っている Google、Twitter、Facebook などの大手企業では、ユーザーの個人プロフィールが巧妙で、個別の広告を配信するのに役立ちます。最近ゲーム用のキーボードやグラフィックスカードを検索したユーザーは、おそらく最新かつ最高のテレビゲームに関する広告をクリックする可能性が高いです。

　特別に細工された広告を各個人に配信することは難しいかもしれないので、ユーザーをカテゴリに分類するのが一般的な方法です。例えば、ユーザは関連するテレビゲーム関連広告を受信するための「ゲーマー」として分類されます。

　機械学習は、タスクなどを達成するための道具です。最も基本的なレベルでは、機械学習の実践者はデータを理解するのに役立つツールを作りたいと考えています。データ項目を別々のカテゴリに属するものとしてラベル付けすることは、特定のニーズに合わせてデータ項目を特徴付ける優れた方法です。

　前章では、曲線をデータに適合させる回帰について説明しました。思い返してみると、最適な曲線は入力としてデータ項目を取り、それに数値を割り当てる関数です。代わりに離散ラベルを入力に割り当てる機械学習モデルを作成することを**クラス分類**と呼びます。離散出力を扱うための教師あり学習アルゴリズムです。(各離散値は**クラス**と呼ばれます。) 入力は通常、特徴ベクトルであり、出力はクラスです。クラスラベルが2つしかない場合 (True / False、On / Off、Yes / No など)、この学習アルゴリズムを**2クラス分類器**と呼びます。それ以外の場合は、**マルチクラス分類器**と呼ばれます。

　分類器には多くのタイプがありますが、本章では表4.1で概要を示したものに焦点を当てます。それぞれには長所と短所があり、TensorFlow でそれぞれの機能を実装した後でさらに深く掘り下げていきます。

表 4.1 分類器

タイプ	長所	短所
線形回帰	単純な実装	作業が保証されていないバイナリラベルのみサポート
ロジスティック回帰	高精度 カスタム調整にモデルを正規化する柔軟な方法 モデル応答が確率の尺度 新しいデータで簡単にモデルを更新できる	バイナリラベルのみサポート
ソフトマックス回帰	マルチクラス分類をサポート モデル応答が確率の尺度	実装がより複雑

　線形回帰は実装が最も簡単です。なぜなら第 3 章で大部分の作業をすでに済ませていたからですが、これは見てわかるようにひどい分類器です。はるかに良い分類器はロジスティック回帰アルゴリズムです。名前が示すように、より良いコスト関数を定義するために対数を用います。ソフトマックス回帰は、マルチクラス分類を解決するための直接的なアプローチです。ロジスティック回帰の自然な一般化です。ソフトマックス回帰と呼ばれるのは、最後のステップとして適用される `softmax` という関数によるものです。

4.1　正式記法

　数式表記では、分類器は関数 $y = f(x)$ であり、x は入力データ項目、y は出力カテゴリ（図 4.1）です。従来の科学文献から採用されているように、入力ベクトル x を**独立変数**、出力 y を**従属変数**と呼ぶことがあります。

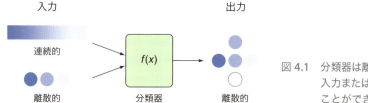

図 4.1　分類器は離散出力を生成するが、連続入力または離散入力のいずれかをとることができる

　正式には、分類のラベルは可能な範囲の値に制限されています。2 値ラベルは Python のブール変数のように考えることができます。入力の特徴に可能な値の固定セットしかない場合は、モデルでその特徴を処理する方法を理解できるようにする必要があります。モデル内の関数の集合は通常連続した実数を扱うため、データセットを前処理して離散変数を計算する必要があります。これは順序付きのものと順序なしの 2 種類に分類されます（図 4.2）。

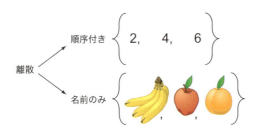

図 4.2 順序付け可能なもの（順序付き）と不可能なもの（名前のみ）の 2 種類がある

名前が示すように、順序型の値は並べ替えることができます。例えば、1 から 10 までの偶数の組の値は、整数同士を比較することができるため、順序付き（ordinal）となります。一方、一組の果物 { バナナ、リンゴ、オレンジ } の要素は、自然順序付けされていない可能性があります。このような集合からの値は、それらの名前でしか記述できないので名前のみ（nominal）と呼びます。

データセットの名義変数を表す簡単な方法は、各ラベルに数値を割り当てることです。{ バナナ、リンゴ、オレンジ } のセットは {0, 1, 2} として処理することができました。しかし、一部の分類モデルでは、データがどのように振る舞うかについて強い偏りがあります。例えば、線形回帰はリンゴをバナナとオレンジの間の中間に解釈しますが、これは自然な意味を持たないものです。

従属変数の名義上のカテゴリを表す簡単な回避策は、名義変数の各値に対して**ダミー変数**と呼ばれるものを追加することです。この例では、「果物」変数は削除され、3 つの別々の変数「バナナ」、「リンゴ」、「オレンジ」で置き換えられます。各変数は、その果物のカテゴリが真であるかどうかによって 0 か 1 の値を保持します（図 4.3）。これはしばしば**ワンホットエンコーディング**（one-hot encoding）と呼ばれます。

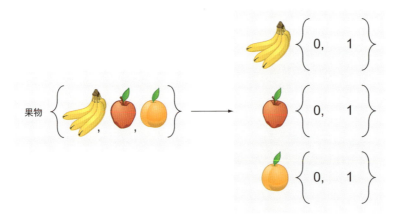

図 4.3 変数の値が離散的な場合は、前処理する必要があるかもしれない。1 つの解決策は、右側に示すように離散値のそれぞれをブール変数として扱うことである。バナナ、リンゴ、オレンジは 3 つの新たに追加された変数で、それぞれ 0 または 1 の値を持つ。元の「果物」変数は削除される

第 3 章の線形回帰と同様に、学習アルゴリズムは M と呼ばれる基礎モデルでサポートされている関数を検討してみなければなりません。線形回帰では、モデルは w でパ

ラメータ化されました。それから関数 $y = M(w)$ を試してそのコストを測定することができます。最後に、最小のコストになる w の値を選択します。回帰と分類の唯一の違いは、出力が連続的な分布ではなく、クラスラベルの離散セットであることです。

> **演習 4.1** 以下を回帰と分類いずれの問題として扱った方が良いですか？
> (a) 株価の予測、(b) 株式を購入、売却、または保有すべきかの決定、
> (c) コンピュータの性能を 1 ～ 10 段階で評価する
>
> **解答**
> (a) 回帰、(b) 分類、(c) どちらでも

回帰の入出力タイプは分類よりも一般的なので、分類タスクで線形回帰アルゴリズムを実行するのは何も問題ありません。実際、それは 4.3 節でやることです。TensorFlow コードの実装を開始する前に、分類器の強度を測定することが重要です。次節では、分類器がうまく機能しているかを測定する最先端の方法について説明します。

4.2 性能の測定

分類アルゴリズムの作成を開始する前に、結果の良さを確認する必要があります。本節では、分類問題の性能を測定するためのいくつかの重要なテクニックについて説明します。

4.2.1 精度

高校や大学での複数選択試験を覚えていますか？ 機械学習における分類の問題は非常に似ています。あなたの仕事は、与えられた複数の選択肢を「解答」の 1 つとして分類することです。真偽試験などの 2 つの選択肢しかない場合は、それを **2 クラス分類器**と呼びます。これが学校で採点された試験の場合、スコアを測定する典型的な方法は、正解の数を数え、それを合計の問題数で割ることです。

機械学習でも同じ採点戦略を採用し、それを**精度**と呼びます。精度は次の式で測定されます。

$$精度 = \frac{\#\,正解数}{\#\,問題数の合計}$$

アルゴリズムの全体的な正確性に不安がある場合、この数式は、十分な性能かもしれないという程度の大まかな評価を示します。ただし、精度の測定ではラベルごとに正しい結果と誤った結果が表示されることはありません。

この制限を説明するには、**混同行列** (confusion matrix) を用いると分類器の成功度合いがより詳細にわかります。分類器がどれだけうまくいくかを記述するには、それぞれの分類でどのように実行されるかを調べることが有効です。

例えば、「陽性」と「陰性」のラベルを持つ 2 クラス分類器を考えます。図 4.4 に示す

ように、混同行列は予測された応答が実際の応答とどのように比較されるかを示す表です。正しく予測されるデータ項目は、**真陽性** (TP、true positives) と呼ばれます。誤って陽性と予測されるものは、**偽陽性** (FP、false positives) と呼ばれます。実際に陽性であるときにアルゴリズムが誤って予測すれば、その状況は**偽陰性** (FN、false negative) と呼びます。最後に、予測と実際の両方がデータ項目が陰性のラベルであることが認められると、それは**真陰性** (TN、true negative) と呼ばれます。ご覧のとおり、混同行列と呼ばれるのは、モデルが区別しようとしている2つのクラスをモデルがどのくらい混同しているかを簡単に確認できるからです。

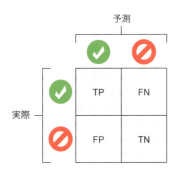

図 4.4 陽性（緑色のチェックマーク）と陰性（赤色のクロス）ラベルの行列を使用して予測結果を実際の結果と比較できる

4.2.2 適合率と再現率

真陽性 (TP)、偽陽性 (FP)、真陰性 (TN)、偽陰性 (FN) の定義はそれぞれ個別に有用ですが、真の力はそれらの相互作用にあります。

陽性の例の総数に対する真陽性の比は**適合率**と呼ばれます。これは陽性の予測が正しいかどうかのスコアです。図 4.4 の左の列は、陽性予測の合計数 (TP + FP) です。したがって、適合率の式は次のとおりです。

$$適合率 = \frac{TP}{TP + FP}$$

陽性の可能性があるすべてに対する真陽性の比は再現率と呼ばれます。検出された真陽性率を測定します。言い換えれば、どれだけ多くの真陽性が正しく予測されたか（つまり「再現」されたか）のスコアです。図 4.4 の一番上の行は、すべての陽性の総数 (TP + FN) となり、再現率の式は次のようになります。

$$再現率 = \frac{TP}{TP + FN}$$

簡単に言えば、適合率はアルゴリズムが正しいと判断した予測の尺度であり、再現率はアルゴリズムが最終的なセットで特定した正しいものの尺度です。適合率が再現率よりも高い場合、モデルは誤った項目を識別しない場合よりも正しい項目を正しく識別することができ、逆も同様に言えます。

簡単な例で考えましょう。たとえば 100 枚の写真の中から猫を特定しようとしているとします。写真のうちの 40 枚は猫で、60 枚は犬です。分類器を実行すると、10 匹

の猫が犬として特定され、20匹の犬が猫として識別されます。このときの混同行列は図4.5のようになります。

混同行列		予測	
		猫	犬
実際	猫	30 真陽性	20 偽陽性
	犬	10 偽陰性	40 真陰性

図 4.5 分類アルゴリズムの性能を評価するための混同行列の例

予測列の左側にある猫の総数を見てみると、30は正しく識別され、10は認識されず、合計は40になっています。

演習 4.2 猫の適合率と再現率はいくつですか？システムの精度はいくつですか？

解答
猫の場合、適合率は 30 / (30 + 20) つまり 3/5 です。再現率は 30 / (30 + 10)、つまり 3/4 です。精度は (30 + 40) / 100、つまり 70%です。

4.2.3 受信者動作特性曲線

2クラス分類器は最も一般的なツールの1つで、受信者動作特性 (ROC: Receiver Operating Characteristic) 曲線など性能を測定するための多くの成熟した手法が存在します。ROC曲線は、偽陽性と真陽性のトレードオフを比較できるようプロットしたものです。x軸は偽陽性値の尺度であり、y軸は真陽性値の尺度です。

2クラス分類器は、入力特徴ベクトルを数に変換し、次にその数が指定された閾値よりも大きいか小さいかに基づいてクラスを決定します。機械学習分類器の閾値を調整する際に、偽陽性率と真陽性率のさまざまな値をプロットします。

さまざまな分類器を比較する堅牢な方法は、そのROC曲線を比較することです。2つの曲線が交差しない場合、一方の方法が他方よりも確かに優れています。優れたアルゴリズムは基準値をはるかに上回ります。分類器を比較する定量的な方法は、ROS曲線の下の面積を測定することです。局面下面積 (AUC: Area-Under-Curve) の値が0.9より大きいモデルは優れた分類器です。ランダムに出力を推測するモデルは、AUC値が約0.5になっています。図4.6の例を参照してください。

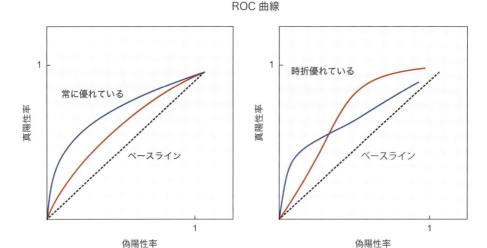

図 4.6　さまざまなアルゴリズムを比較する基本的な方法は ROC 曲線を調べることである。真陽性率があらゆる状況で偽陽性率よりも大きい場合、その性能に関して 1 つのアルゴリズムが支配的であること言える。真陽性率が偽陽性率より低い場合、プロットは点線で示されるベースラインより下に落ちる

演習 4.3　100％正しい率（すべて真陽性で偽陽性は全くない状態）は ROC 曲線上でどのような点に見えますか？

解答
100％正しい率の点は ROC 曲線の正の y 軸に位置します。

4.3　分類に線形回帰を使用する

　分類器を実装する最も単純な方法の 1 つは、第 3 章のような線形回帰アルゴリズムを微調整することです。線形回帰モデルは、$f(x) = wx$ のような線形に見える関数の集合です。関数 $f(x)$ は連続した実数を入力とし、連続した実数を出力として生成します。忘れないでください、分類はすべて離散的な出力に関するものです。ですから、回帰モデルに 2 値（バイナリ）出力を生成させる 1 つの方法は、ある閾値を上回る値を数（例えば 1）に設定し、その閾値を下回る値を異なる数（例えば 0）に設定することです。

　次のような動機付けの例で話を進めましょう。アリスは熱心なチェス選手だと想像してみてください。そして勝敗の記録があります。さらに各試合には、1〜10 分内の制限時間があります。図 4.7 に示すように、試合ごとの結果をプロットすることができます。x 軸はゲームの時間制限を表し、y 軸は彼女が勝った（$y = 1$）かどうか、あるいは負けた（$y = 0$）を表します。

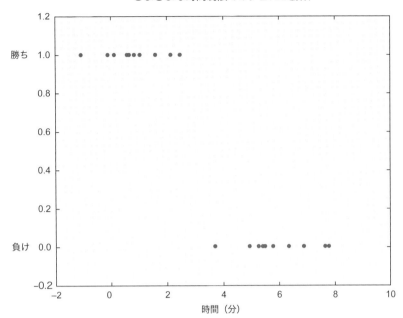

図 4.7 2 クラス分類訓練データセットの視覚化。値は y = 1 のすべての点と y = 0 のすべての点の 2 つのクラスに分割される

　データからわかるように、彼女は常に短時間の試合に勝つので、アリスは頭の回転が速い人です。しかし彼女は通常、時間制限の長い試合で負けてしまいます。プロットされたデータから、彼女が勝つかどうかを決めるゲームの時間制限の境界線を予測したいと考えています。

　彼女には我々が確実に勝てる試合に挑戦してほしいと考えます。10 分かかるような明らかに長い試合を選んだ場合、彼女は試合を拒否するでしょう。ですから、我々の得になるようにバランスを取りながら、彼女が喜んで試合をしてくれるくらい短い試合時間になるように設定しましょう。

　データに線形近似すると何か役に立ちそうです。図 4.8 は、リスト 4.1（すぐに出てきます）の線形回帰を使用して計算された最適な直線を示しています。アリスが勝つ可能性が高い試合では、直線は 1 に近い値になります。直線の値が 0.5 未満の場合（つまり、アリスが勝つ確率よりも負ける確率が高い場合）に対応する時間を選択すると、我々が勝利する可能性は高くなります。

4章 クラス分類の簡単な紹介

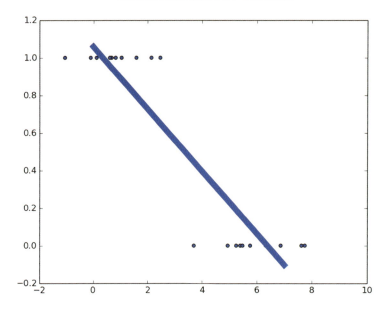

図 4.8　対角線が分類データセットに対するの最適な直線である。この直線は明らかにデータにうまく適合せず、時代遅れのデータ分類方法になる

　この直線は、データを可能な限り最適化しようとしています。訓練データの性質により、モデルは有利な例では 1 に近い値、不利な例では 0 に近い値で応答します。データを直線でモデリングするため、入力によっては 0 と 1 の間の値が生成されることがあります。ご想像の通り、ある分類に対してあまりにも遠い値は、1 より大きい値または 0 未満の値になります。項目がある分類に属しているかどうかを決定する方法が必要です。一般的には中間点 0.5 を決定境界 (**閾値**とも呼ばれる) として選択します。ご覧のとおり、この手順では線形回帰を使用して分類を実行します。

> **演習 4.4**　線形回帰を分類ツールとして使用することの短所は何ですか？(ヒントについては、リスト 4.4 を参照してください)
> **解答**
> 線形回帰はデータの外れ値によって変化しやすいため、正確な分類器ではありません。

　最初の分類器を書きましょう！　新しい Python ソースファイルを開き、linear.py という名前にしましょう。コードを書くにはリスト 4.1 のコードに従ってください。Tensor Flow コードでは、最初にプレースホルダーノードを定義し、`session.run()` から値を挿入する必要があります。

4.3 分類に線形回帰を使用する

リスト 4.1　線形回帰を使って分類する

```python
import tensorflow as tf           # 学習アルゴリズムの中心になる TensorFlow、
import numpy as np                # データ操作の NumPy、
import matplotlib.pyplot as plt   # 視覚化の Matplotlib をインポートする

x_label0 = np.random.normal(5, 1, 10)    # 偽データの初期化、
x_label1 = np.random.normal(2, 1, 10)    # 各ラベルの 10 インスタンス
xs = np.append(x_label0, x_label1)
labels = [0.] * len(x_label0) + [1.] * len(x_label1)   # 対応するラベルを初期化する

plt.scatter(xs, labels)           # データをプロットする

learning_rate = 0.001             # ハイパーパラメータを
training_epochs = 1000            # 宣言する

X = tf.placeholder("float")       # 入出力ペアのプレースホルダ
Y = tf.placeholder("float")       # ノードを設定する

def model(X, w):                  # 線形モデル
    return tf.add(tf.multiply(w[1], tf.pow(X, 1)),     # y = w1 * x + w0 を
                  tf.multiply(w[0], tf.pow(X, 0)))     # 定義する

# パラメータ変数を設定する
w = tf.Variable([0., 0.], name="parameters")   # 複数回参照するので、ヘル
y_model = model(X, w)                          # パー変数を定義する
# コスト関数を定義する
cost = tf.reduce_sum(tf.square(Y-y_model))

train_op = tf.train.GradientDescentOptimizer(learning_rate).minimize(cost)
                                  # パラメータ学習の
                                  # ルールを定義する
```

TensorFlow グラフを設計した後、新しいセッションを開いてグラフを実行する方法を次のリストに示します。train_op はより良い推定値になるようにモデルのパラメータを更新します。パラメータ推定値は各ステップで反復的に改善されるため、ループごとに train_op を実行します。次のリストは、図 4.8 のようなプロットを生成します。

リスト 4.2　グラフを実行する

```python
# 現在のパラメータで計算された
# コストを記録する
sess = tf.Session()
init = tf.global_variables_initializer()      # 新しいセッションを開き、
sess.run(init)                                # 変数を初期化する

for epoch in range(training_epochs):          # 学習操作を
    sess.run(train_op, feed_dict={X: xs, Y: labels})   # 複数回実行する
    current_cost = sess.run(cost, feed_dict={X: xs, Y: labels})
    if epoch % 100 == 0:
        print(epoch, current_cost)            # コード実行中に
                                              # ログ情報を出力する

w_val = sess.run(w)                           # 学習したパラメータを出力する
print('learned parameters', w_val)
```

```
sess.close()                                  ← 使用しなくなったら
                                                セッションを閉じる
all_xs = np.linspace(0, 10, 100)
plt.plot(all_xs, all_xs*w_val[1] + w_val[0])   最適な直線を表示する
plt.show()
```

　成功の度合いを測定するために、正しい予測数を数えて成功率を計算します。リスト 4.3 では、linear.py で直前のコードに correct_prediction と accuracy という 2 つのノードを追加します。それから正確さの値を出力して、成功率を確認することができます。コードはセッションを閉じる直前に実行できます。

リスト 4.3　精度を測定する

```
                                              モデルの応答が 0.5 より大きい場合は正のラベル
                                              とする。そうでない場合は負のラベルとする
correct_prediction = tf.equal(Y, tf.to_float(tf.greater(y_model, 0.5)))  ←
accuracy = tf.reduce_mean(tf.to_float(correct_prediction))

print('accuracy', sess.run(accuracy, feed_dict={X: xs, Y: labels}))     ←
                                              与えられた入力から成功の
成功した割合を計算する                          度合いを出力する
```

　上のコードは次の出力を生成します：

```
('learned parameters', array([ 1.2816, -0.2171], dtype=float32))
('accuracy', 0.95)
```

　分類が簡単だった場合、本章はこれで終わりです。残念ながら、**外れ値**とも呼ばれるより極端なデータを訓練すると、線形回帰アプローチは酷い失敗をします。
　たとえば、アリスが 20 分かかるゲームで負けたとしましょう。この新しい外れ値を含むデータセットで分類器を訓練します。次のリストは、試合時間の 1 つを値 20 に置き換えるだけのものです。外れ値を加えるとどのようにして分類器のパフォーマンスに影響するかを見てみましょう。

リスト 4.4　線形回帰が分類に酷い失敗をする例

```
x_label0 = np.append(np.random.normal(5, 1, 9), 20)
```

　このコードに変更を加えてコードを再実行すると、図 4.9 のような結果が表示されます。

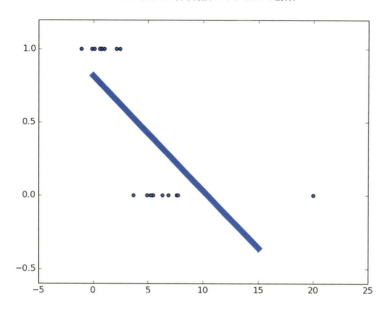

図 4.9 新しい訓練要素の 20 という値は最適な直線に大きく影響する。直線は外側のデータに対して非常に敏感であるため、線形回帰は不適切な分類器となってしまう

　元の分類器は、3 分勝負でアリスに勝つことができると提案しました。彼女はおそらくそれくらいの短い試合ならすることに同意するでしょう。しかし変更した分類器では、閾値を先と同じ 0.5 のままとすると、彼女が負けるであろう最短の試合時間が 5 分であることを示します。そんなに長い試合であれば、彼女は断るでしょう！

4.4 ロジスティック回帰の使用

　ロジスティック回帰は精度と性能を理論的に保証した分析関数を提供します。異なるコスト関数を使用し、モデル応答関数をわずかに変換する以外は、線形回帰と同じようなものです。
次の線形関数を見直してみましょう。

$$y(x) = wx$$

　線形回帰では、傾きがゼロでない直線は負の無限大から（正の）無限大の範囲になる可能性があります。唯一理解できる分類の結果が 0 と 1 であれば、代わりにその機能を持つ関数を合わせるのは直感的です。幸いにも、図 4.10 に描画したシグモイド関数は 0 か 1 にすぐ収束するので、うまく機能します（訳注：シグモイドについては 7 章 137〜138 ページにも解説があります）。

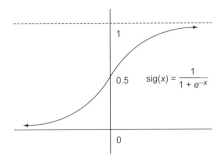

図 4.10 シグモイド関数の視覚化

x が 0 の場合、シグモイド関数は 0.5 になります。x が増加すると関数は 1 に収束し、x が負の無限大に減少すると関数は 0 に収束します。

ロジスティック回帰において、モデルは sig(linear(x)) になります。この関数の最適なパラメータは、2 つのクラス間の線形分離を暗示しています。この分離線は**線形決定境界**とも呼ばれます。

4.4.1　1 次元ロジスティック回帰の解法

ロジスティック回帰で使用されるコスト関数は線形回帰で使用されたコスト関数と少し異なります。以前と同じコスト関数を使用することはできますが、それほど高速ではなく最適解の保証がありません。シグモイド関数は、コスト関数に多くの凸凹を付ける原因となるため、ここでは問題があります。TensorFlow やその他のほとんどの機械学習ライブラリは、単純なコスト関数が最も効果的です。研究者はロジスティック回帰にシグモイドを使用するため、コスト関数を修正するための良い方法を発見しました。

実際の値 y とモデル応答 h との間の新しいコスト関数は、以下の 2 つの部分からなる式です。

$$Cost(y, h) = \begin{cases} -\log(h), & \text{if } y = 1 \\ -\log(1-h), & \text{if } y = 0 \end{cases}$$

2 つの式を 1 つの長い式にまとめることもできます。

$$Cost(y, h) = -y\log(h) - (1-y)\log(1-h)$$

この関数は、効率的で最適な学習に必要な質を持っています。厳密に言えばこれは凸ですが、それが意味することについてはあまり心配しないでください。コストを高度、コスト関数を地形と考えて、コストを最小限に抑えようとしています。我々は地形の中で最も低い点を見つけようとしています。上り坂がない場所から、地形の中で最も低い地点を発見するのは非常に簡単です。そのような場所は**凸面**と呼ばれます。丘はありません。

これは丘を転がすボールのように考えられることができます。最終的には、ボールは一番低い場所に落ち着きます。これが**最適な点**です。凸でない関数は起伏のある地形をしており、ボールがどこを転がるかを予測するのが難しくなっています。一番低いところで終わらないかもしれません。関数が凸であることで、アルゴリズムはこのコストを最小にする方法がわかりやすくなり、「ボールを下り坂に転がる」ように最小値を求めることができます。

凸性は良いですが、コスト関数を選択するときの正確さも重要な基準です。このコスト関数が我々の思い通りのものであるかを知るにはどうすればよいでしょうか？ その質問に最も直感的に答えるには、図 4.11 を見てください。目的の値を 1 にしたいとき、コストの計算に $-\log(x)$ を使います（注：$-\log(1) = 0$）。コストが無限に近づくため、アルゴリズムは値を 0 に設定しないようにします。これらの関数を合わせると、0 と 1 の両方で無限大に近づき負の部分が無くなります。

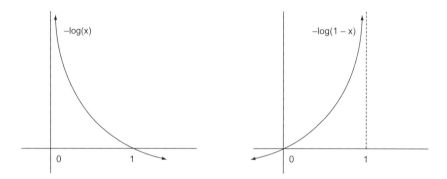

図 4.11　2 つの異なるコスト関数が 0 と 1 で値にどのようにしてペナルティを与えるかを示す。左の関数は 0 に重いペナルティを与えるが、コストは 1 でないことに注目する。右のコスト関数は、逆の現象を示している

図はもちろんあなたを説得するにはきちんとしたものではありませんが、コスト計算が最適である理由に関する技術的議論は本書の範疇を超えています。数学的な背景に興味があるなら、コストは最大エントロピーの原則から導出されることを学ぶとよいでしょう。これはオンラインで簡単に調べることができます。

1 次元データセットのロジックティック回帰の最善の適合結果については、図 4.12 を参照してください。生成されたシグモイド曲線は、線形回帰から得られるものよりも優れた線形決定境界を提供します。

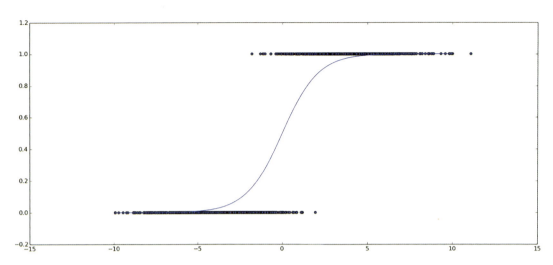

図 4.12 2 クラス分類データセットに最適なシグモイド曲線を示す。曲線が y = 0 と y = 1 の間でどのように存在するかに注意する。シグモイド関数を用いることで曲線が外れ値に左右されにくくなる

　コードリストにパターンがあることに気づくでしょう。TensorFlow のシンプルな、典型的な使用法では、擬似データセットを生成し、プレースホルダを定義し、変数を定義し、モデルを定義し、そのモデル（二乗誤差平均や二乗対数誤差平均をよく用いる）でコスト関数を定義し、最急降下法を用いて `train_op` を作成し、（ラベルや出力で可能な）サンプルデータを繰り返し入力し、最後に最適化された値を収集します。logistic_1d.py という名前の新しいソースファイルを作成し、リスト 4.5 をコピーしてください。図 4.12 のような結果が生成されます。

リスト 4.5　1 次元ロジスティック回帰を使う

```python
import numpy as np                              # 関連ライブラリを
import tensorflow as tf                         # インポートする
import matplotlib.pyplot as plt
learning_rate = 0.01                            # ハイパーパラメータを設定する
training_epochs = 1000

def sigmoid(x):                                 # シグモイド関数を計算する
    return 1. / (1. + np.exp(-x))               # ヘルパー関数を定義する

x1 = np.random.normal(-4, 2, 1000)
x2 = np.random.normal(4, 2, 1000)               # 偽データを
xs = np.append(x1, x2)                          # 初期化する
ys = np.asarray([0.] * len(x1) + [1.] * len(x2))
                                                # データを
plt.scatter(xs, ys)                             # 視覚化する

X = tf.placeholder(tf.float32, shape=(None,), name="x")    # 入出力プレース
Y = tf.placeholder(tf.float32, shape=(None,), name="y")    # ホルダを定義する
w = tf.Variable([0., 0.], name="parameter", trainable=True)
y_model = tf.sigmoid(w[1] * X + w[0])           # パラメータノードを
# TensorFlow のシグモイド関数を使用してモデルを定義する  # 定義する
```

```
cost = tf.reduce_mean(-Y * tf.log(y_model) - (1 - Y) * tf.log(1 - y_model))
```
交差エントロピー
損失関数を定義する

使用するミニマイザを定義する
```
train_op = tf.train.GradientDescentOptimizer(learning_rate).minimize(cost)

with tf.Session() as sess:
    sess.run(tf.global_variables_initializer())
    prev_err = 0
    for epoch in range(training_epochs):
        err, _ = sess.run([cost, train_op], {X: xs, Y: ys})
        print(epoch, err)
        if abs(prev_err - err) < 0.0001:
            break
        prev_err = err
    w_val = sess.run(w, {X: xs, Y: ys})

all_xs = np.linspace(-10, 10, 100)
plt.plot(all_xs, sigmoid((all_xs * w_val[1] + w_val[0])))
plt.show()
```

セッションを開き
すべての変数を定義する

収束の
チェックをする

学習したシグ
モイド関数を
プロットする

学習したパラメータ値を
取得する

コンピュータのコストと
学習パラメータの更新を行う

前の誤差値を更新する

収束するまで、あるいは最大の
エポック数に達するまで反復する

前の誤差を追跡する
変数を定義する

> **TensorFlow における交差エントロピー損失**
>
> リスト 4.5 に示すように、交差エントロピー損失は tf.reduce_mean を使用すると各入力/出力ペアで平均化されます。TensorFlow ライブラリによって提供されるもう一つの便利でより一般的な関数は、tf.nn.softmax_cross_entropy_with_logits と呼ばれます。詳細については、公式ドキュメント http://mng.bz/8mEk を参照してください。

これで準備が整いました！ あなたがアリスとチェスをすることになっても、今は勝敗の分かれ目になるしきい値を決定する 2 クラス分類器があります。

4.4.2 2 次元ロジスティック回帰の解法

ここでは、ロジスティック回帰を複数の独立変数で使用する方法を探求します。独立変数の数は次元の数に対応します。今回は、2 次元ロジスティック回帰問題が 1 組の独立変数にラベルを付けることに挑戦してみます。本節で学習した概念は、任意の次元に拡張することができます。

> **注意**
> 新しい携帯電話を購入しようと考えているとします。私たちが気にしているポイントは、(1) オペレーティングシステム、(2) サイズ、(3) コストです。目標は、その電話が購入する価値があるかどうかを判断することです。この場合、3 つの独立変数 (電話の属性) と 1 つの従属変数 (購入価値があるかどうか) があります。したがって、これを入力ベクトルが 3 次元である分類問題とみなします。

図 4.13 に示すデータセットを考えてみましょう。これは、都市の 2 つのギャングの犯罪活動を表しています。最初の次元は x 軸で、これは緯度と考えることができ、2 番目の次元は経度を表す y 軸です。(3, 2) と (7, 6) の周りに点の塊があります。あなたの仕事は、(6, 4) の場所で起こった新しい犯罪の原因となる可能性の高いギャングを決定することです。

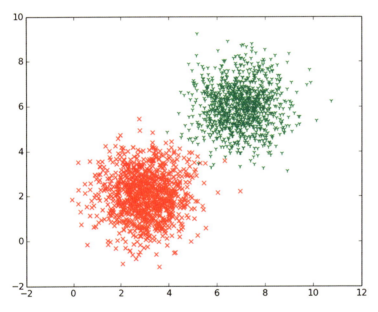

図 4.13 x 軸と y 軸は 2 つの独立変数を表す。従属変数は、プロットされた点の形と色で表される 2 つのラベルを保持する

logistic_2d.py という新しいソースファイルを作成し、リスト 4.6 に従います。

4.4 ロジスティック回帰の使用

リスト 4.6　2 次元ロジスティック回帰のためのデータの設定

```python
import numpy as np                              # 関連ライブラリを
import tensorflow as tf                          # インポートする
import matplotlib.pyplot as plt

learning_rate = 0.1                              # ハイパーパラメータを
training_epochs = 2000                           # 設定する

def sigmoid(x):                                  # ヘルパーシグモイド関数を
    return 1. / (1. + np.exp(-x))                # 定義する

x1_label1 = np.random.normal(3, 1, 1000)
x2_label1 = np.random.normal(2, 1, 1000)
x1_label2 = np.random.normal(7, 1, 1000)
x2_label2 = np.random.normal(6, 1, 1000)         # 偽データを
x1s = np.append(x1_label1, x1_label2)            # 初期化する
x2s = np.append(x2_label1, x2_label2)
ys = np.asarray([0.] * len(x1_label1) + [1.] * len(x1_label2))
```

2 つの独立変数（$x1$ と $x2$）があります。入力 x と出力 $M(x)$ の間のマッピングをモデル化する簡単な方法は、次の式です。w は TensorFlow を使用して検出されるパラメータです。

$$M(x; w) = sig(w_2 x_2 + w_1 x_1 + w_0)$$

次のリストでは、方程式とそれに対応するコスト関数を実装してパラメータを学習します。

リスト 4.7　多次元ロジスティック回帰のための TensorFlow の使用

```python
# 両方の入力変数を使って
# シグモイドモデルを定義する。
X1 = tf.placeholder(tf.float32, shape=(None,), name="x1")    # 入出力プレース
X2 = tf.placeholder(tf.float32, shape=(None,), name="x2")    # ホルダノードを
Y = tf.placeholder(tf.float32, shape=(None,), name="y")      # 定義する
w = tf.Variable([0., 0., 0.], name="w", trainable=True)      # パラメータノードを
                                                              # 定義する
y_model = tf.sigmoid(w[2] * X2 + w[1] * X1 + w[0])
cost = tf.reduce_mean(-tf.log(y_model * Y + (1 - y_model) * (1 - Y)))
train_op = tf.train.GradientDescentOptimizer(learning_rate).minimize(cost)

with tf.Session() as sess:
    sess.run(tf.global_variables_initializer())
    prev_err = 0
    for epoch in range(training_epochs):
        err, _ = sess.run([cost, train_op], {X1: x1s, X2: x2s, Y: ys})
        print(epoch, err)
        if abs(prev_err - err) < 0.0001:
            break
        prev_err = err
```
（学習ステップを定義する／新しいセッションを作成し、変数を初期化し、収束するまでパラメータを学習する）

```
          セッションを閉じる前に学習
          パラメータの値を取得する
        w_val = sess.run(w, {X1: x1s, X2: x2s, Y: ys})
                                                              境界点を保持する
    x1_boundary, x2_boundary = [], []                         配列を定義する
    for x1_test in np.linspace(0, 10, 100):
        for x2_test in np.linspace(0, 10, 100):               格子状の点を
                                                              ループする
モデル応答が
0.5に近い場合、     z = sigmoid(-x2_test*w_val[2] - x1_test*w_val[1] - w_val[0])
境界点を更新       if abs(z - 0.5) < 0.01:
する                 x1_boundary.append(x1_test)
                   x2_boundary.append(x2_test)

    plt.scatter(x1_boundary, x2_boundary, c='b', marker='o', s=20)
    plt.scatter(x1_label1, x2_label1, c='r', marker='x', s=20)    データととも
    plt.scatter(x1_label2, x2_label2, c='g', marker='1', s=20)    に境界線を表
                                                                  示する
    plt.show()
```

図4.14は、訓練データから学習された線形境界線を視覚化しています。線上で起こる犯罪は、いずれのギャングも同じ確率になります。

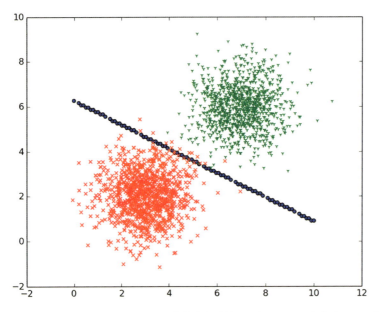

図4.14 対角線の点線は、2つの決定確率が等しくなるところを表す。データが直線から離れていくにつれて意思決定の信頼性が高まる

4.5 マルチクラス分類器

ここまでは多次元入力を扱ってきましたが、図 4.15 に示すような多変量出力は扱いませんでした。たとえばデータの 2 値ラベルの代わりに、3 つ、4 つ、あるいは 100 のクラスがある場合はどうなるでしょうか？ ロジスティック回帰は 2 つのラベルを必要とします。

例えば画像分類は、候補の集合から画像のクラスを決定することが目的であるため、一般的な多変量分類問題です。ある写真は何百もの分類の一つの中に入れられているかもしれません。

2 つ以上のラベルを処理するために、(1 対全または 1 対 1 のアプローチを使用して) 賢いやり方でロジスティック回帰を再利用するか、新しいアプローチ (ソフトマックス回帰) を開発することになります。次節でそれぞれのアプローチを見てみましょう。最初の 2 つのアプローチではある程度特別な作業が必要になりますので、ソフトマックス回帰の方に力を注いでいきます。

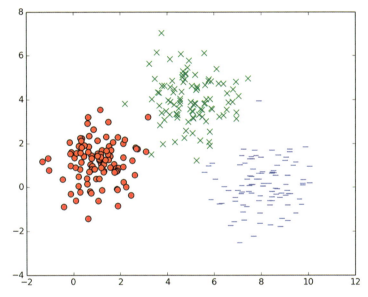

図 4.15　独立変数は 2 次元であり、x 軸と y 軸で示される。従属変数は、データの色と形によって示される 3 つのラベルのうちの 1 つになる

4.5.1 1対全

図 4.16　1対全は各クラスの検出器を必要とするマルチクラス分類器アプローチである

まず、図 4.16 に示すように各ラベルの分類器を訓練します。3つのラベルがある場合は、f1、f2、f3 という3つの分類器を使用できます。新しいデータをテストするために、それぞれの分類器を実行して、どれが最も信頼できる応答を生成したかを確認します。直観的には、最も自信を持って応答した分類器のラベルで新しい点にラベルを付けます。

4.5.2 1対1

次に、各ペアのラベルの分類器に対して訓練します（図 4.17 参照）。3つのラベルがある場合、3つの固有のペアです。しかし k 個のラベルの場合、ラベルのペアは $k(k-1)/2$ 個になります。新しいデータではすべての分類器を実行し、最も良いクラスを選択します。

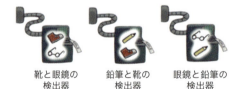

図 4.17　1対1のマルチクラス分類には、クラスの各ペアに対する検出器がある

4.5.3 ソフトマックス回帰

ソフトマックス（Softmax）回帰は伝統的な max 関数にちなんで名付けられています。これはベクトルを受け取り、最大値を返します。しかしソフトマックスは厳密には max 関数ではありません。なぜなら、それは連続的かつ微分可能であるという利点があるからです。結果として、効率的に動作する確率的勾配降下のための役立つ特性を持つことになります。

この種のマルチクラス分類機構では、各クラスが各入力ベクトルに対する信頼（または確率）スコアを持ちます。ソフトマックスのステップでは最高得点の出力を選択

するだけです。

softmax.py という名前の新しいファイルを開き、次のリスト 4.8 に従います。最初に、図 4.15 を再現するためにいくつかの偽のデータを視覚化します（図 4.18 も再現します）。

リスト 4.8　マルチクラスデータの可視化

```
import numpy as np                                  NumPyとMatplotlibを
import matplotlib.pyplot as plt                     インポートする

x1_label0 = np.random.normal(1, 1, (100, 1))
x2_label0 = np.random.normal(1, 1, (100, 1))        (1, 1)の近くに点を生成する
x1_label1 = np.random.normal(5, 1, (100, 1))
x2_label1 = np.random.normal(4, 1, (100, 1))        (5, 4)の近くに点を生成する
x1_label2 = np.random.normal(8, 1, (100, 1))
x2_label2 = np.random.normal(0, 1, (100, 1))        (8, 0)の近くに点を生成する

plt.scatter(x1_label0, x2_label0, c='r', marker='o', s=60)
plt.scatter(x1_label1, x2_label1, c='g', marker='x', s=60)   3つのラベルを
plt.scatter(x1_label2, x2_label2, c='b', marker='_', s=60)   散布図で視覚化
plt.show()                                                    する
```

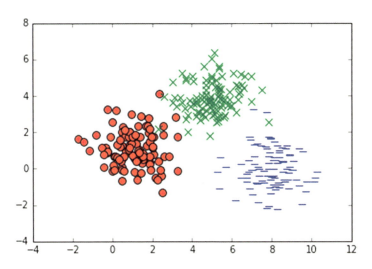

図 4.18　多出力分類のための 2D 訓練データ

次に、リスト 4.9 で、ソフトマックス回帰ステップを準備するための訓練データとテストデータを設定します。ラベルは 1 つの要素のみが 1 で、残りが 0 であるベクトルとして表されなければなりません。この表現は**ワンホットエンコーディング**と呼ばれます。たとえば 3 つのラベルがある場合、それらは [1, 0, 0]、[0, 1, 0]、[0, 0, 1] です。

> **演習 4.5** ワンホットエンコーディングは不要なステップに見えるかもしれません。なぜ 1, 2, 3 の 3 つの値がクラスを表す 1 次元出力を持つだけではいけないのでしょうか？
>
> **解答**
> 　回帰は出力に意味構造を誘導することがあります。出力が似ているる場合、回帰は入力も同様であることを意味します。1 次元だけを使用すると、2 と 3 のラベルは 1 と 3 よりも似ていることになります。不必要な仮定や誤った仮定に注意しなければなりませんが、ワンホットエンコーディングを使えば安全です。

リスト 4.9　マルチクラス分類のための訓練データとテストデータの設定

```
xs_label0 = np.hstack((x1_label0, x2_label0))
xs_label1 = np.hstack((x1_label1, x2_label1))
xs_label2 = np.hstack((x1_label2, x2_label2))
xs = np.vstack((xs_label0, xs_label1, xs_label2))
```
　すべての入力データを
　1 つの大きな行列に結合する

```
labels = np.matrix([[1., 0., 0.]] * len(x1_label0) + [[0., 1., 0.]] *
    len(x1_label1) + [[0., 0., 1.]] * len(x1_label2))
```
　対応するワンホット
　ラベルを作成する

```
arr = np.arange(xs.shape[0])
np.random.shuffle(arr)
xs = xs[arr, :]
labels = labels[arr, :]
```
　データセットを
　シャッフルする

訓練データセットとラベルを作成する
```
test_x1_label0 = np.random.normal(1, 1, (10, 1))
test_x2_label0 = np.random.normal(1, 1, (10, 1))
test_x1_label1 = np.random.normal(5, 1, (10, 1))
test_x2_label1 = np.random.normal(4, 1, (10, 1))
test_x1_label2 = np.random.normal(8, 1, (10, 1))
test_x2_label2 = np.random.normal(0, 1, (10, 1))
test_xs_label0 = np.hstack((test_x1_label0, test_x2_label0))
test_xs_label1 = np.hstack((test_x1_label1, test_x2_label1))
test_xs_label2 = np.hstack((test_x1_label2, test_x2_label2))

test_xs = np.vstack((test_xs_label0, test_xs_label1, test_xs_label2))
test_labels = np.matrix([[1., 0., 0.]] * 10 + [[0., 1., 0.]] * 10 + [[0., 0.,
                        1.]] * 10)

train_size, num_features = xs.shape
```
　データセットの shape は
　例番号と例ごとの特徴を示す

最後に、リスト 4.10 ではソフトマックス回帰を使用します。ロジスティック回帰のシグモイド関数とは異なり、ここでは TensorFlow ライブラリによって提供されるソフトマックス関数を使用します。softmax 関数は max 関数と似ていて、数値のリストから最大値を出力します。ソフトマックスと呼ばれるのは、max 関数を「ソフト」あるいは「スムーズ」に近似したものだからであり、滑らかでも連続的でもありません (そしてそれは良くないことです)。

リスト 4.10　ソフトマックス回帰の使用

```
import tensorflow as tf

learning_rate = 0.01           ハイパーパラメータを
training_epochs = 1000         定義する
num_labels = 3
batch_size = 100

X = tf.placeholder("float", shape=[None, num_features])    入出力プレースホル
Y = tf.placeholder("float", shape=[None, num_labels])      ダノードを定義する

W = tf.Variable(tf.zeros([num_features, num_labels]))   モデルパラメータを
b = tf.Variable(tf.zeros([num_labels]))                 定義する
y_model = tf.nn.softmax(tf.matmul(X, W) + b)      ソフトマックスモデル
                                                  を定義する
cost = -tf.reduce_sum(Y * tf.log(y_model))
train_op = tf.train.GradientDescentOptimizer(learning_rate).minimize(cost)

correct_prediction = tf.equal(tf.argmax(y_model, 1), tf.argmax(Y, 1))
accuracy = tf.reduce_mean(tf.cast(correct_prediction, "float"))

学習アルゴリズムを設定する                          成功率を測定するた
                                                  めの演算を定義する
```

これで、TensorFlow 計算グラフを定義しました。これをセッションから実行してください。今回は**バッチ学習** (batch learning) と呼ばれるパラメータを繰り返し更新する新しい方法を試してみましょう。データを一度に 1 つずつ渡す代わりに、データのまとまりに対してオプティマイザを実行します。これにより最適化のスピードは上がりますが、大域最適解ではなく局所最適解に収束するリスクをもたらします。オプティマイザをバッチで実行するために、次のリストに従ってください。

リスト 4.11　グラフの実行

現在のバッチに対応するデータ
セットのサブセットを取得する

データセットを1周できる
程度の回数だけループする

```
with tf.Session() as sess:
    tf.global_variables_initializer().run()

    for step in range(training_epochs * train_size // batch_size):
        offset = (step * batch_size) % train_size
        batch_xs = xs[offset:(offset + batch_size), :]
        batch_labels = labels[offset:(offset + batch_size)]
        err, _ = sess.run([cost, train_op], feed_dict={X: batch_xs, Y: batch_labels})
        print (step, err)



    W_val = sess.run(W)
    print('w', W_val)
    b_val = sess.run(b)
    print('b', b_val)
    print("accuracy", accuracy.eval(feed_dict={X: test_xs, Y: test_labels}))
```

新しいセッションを開き、
すべての変数を初期化する

このバッチでオプティ
マイザを実行する

進行中の結果を
表示する

最終的に学習された
パラメータを表示する

成功率を表示する

　データセットにソフトマックス回帰アルゴリズムを実行すると、次の結果が得られます。

```
('w', array([[-2.101, -0.021, 2.122],
            [-0.371, 2.229, -1.858]], dtype=float32))
('b', array([10.305, -2.612, -7.693], dtype=float32))
Accuracy 1.0
```

　モデルの重みと偏りを学びました。これらの学習されたパラメータを再利用して、テストデータを推論することができます。これを行う簡単な方法は、TensorFlow の Saverobject（http://www.tensorflow.org/programers_guide/saved_model を参照）を使用して変数を保存し読み込むことです。モデル（コードでは y_model）を実行して、テスト入力データのモデル応答を取得できます。

4.6 分類の活用

感情は操作するのが難しい概念です。幸せ、悲しみ、怒り、興奮、恐怖は、主観的な感情の例です。誰かに興奮するようなことが起こっても、他の人には皮肉なように見えるかもしれません。誰かに怒りを伝えるように見える文章は、他の人には恐怖を伝えるかもしれません。人間にそれほど大きな混乱があるなら、コンピュータはどうすればうまくいくでしょうか？

少なくとも機械学習の研究者は、文章内の正の感情と負の感情を分類する方法を考え出してきました。たとえば、Amazon のような Web サイトを構築していて、各商品にユーザーレビューがあるとします。知的な検索エンジンは肯定的なレビューを持つ商品を好むようにしたいと考えます。利用できる一番良い測定方法は、星評価の平均や「いいね」の数です。しかし、明示的な評価なしで文章によるレビューがたくさんある場合はどうでしょうか？

感情分析は、2 値分類の問題と考えることができます。入力は自然言語の文章であり、出力は正の感情または負の感情を推測する 2 値の決定です。この正確な問題を解決するためにオンラインで見つけることができるデータセットは次のとおりです。

- **Large Movie Review Dataset（映画のレビュー）**：http://mng.bz/60nj
- **Sentiment Labelled Sentences Data Set（感情のラベルが付いた文章）**：http://mng.bz/CzSM
- **Twitter Sentiment Analysis Dataset（Twitter の感情分析）**：http://mng.bz/2M4d

最大のハードルは、生のテキストを分類アルゴリズムへの入力としてどのように表現するかを理解することです。本章全体を通じて、分類への入力は常に特徴ベクトルでした。生テキストを特徴ベクトルに変換する最も古い方法の 1 つは、bag-of-words（語の袋）と呼ばれます。http://mng.bz/K8yz で素晴らしいチュートリアルとコードの実装を見つけることができます。

4.7 まとめ

- 分類問題を解決する方法は数多くあるが、ロジスティック回帰とソフトマックス回帰は、精度とパフォーマンスの点で最も堅牢である。
- 分類を実行する前にデータを前処理することが重要である。例えば、離散的な独立変数を 2 値変数に再調整することができる。
- これまでは、回帰の観点から分類にアプローチしてきた。後の章では、ニューラルネットワークを使って分類を再検討していく。
- マルチクラス分類にはさまざまな方法がある。1 対 1、1 対全、ソフトマックス回帰のうちどれを最初に試みるべきかについて明確な答えはない。しかしソフトマックスのアプローチは比較的自由で、より多くのハイパーパラメータを持つことができる。

5 自動的にデータをクラスタリングする

> **本章の内容**
> - k平均法を使用した基本的なクラスタリング
> - オーディオの表現
> - オーディオのセグメンテーション（細分化）
> - 自己組織化マップによるクラスタリング

　あなたのハードドライブには、海賊版のない完全に合法的なmp3のコレクションがあるとします。すべての曲が1つの巨大なフォルダに集まっています。しかし、似ている曲を自動的にグループ化し、カントリー、ラップ、ロックなどのカテゴリに整理すると便利です。教師なしの方法でグループ（mp3などのプレイリスト）に項目を割り当てるこの動作は、**クラスタリング**と呼ばれます。

　前章の分類では、正しくラベル付けされたデータの訓練データセットが与えられていることを前提としています。残念なことに、現実世界でデータを収集するときは、必ずしもそのようによくできたデータがあるわけではありません。たとえば、大量の音楽を面白いプレイリストに分割したいとします。それらのメタデータに直接アクセスできない場合、どのように曲をグループ化することができますか？

　Spotify、SoundCloud、Google Music、Pandora、その他多くの音楽ストリーミングサービスは、この問題を解決して似ている曲を顧客に推奨しています。彼らのアプローチにはさまざまな機械学習技術が混在していますが、多くの場合、クラスタリングが解法の中心にあります。

　クラスタリングは、データセット内の項目を知的に分類するプロセスです。全体的な考え方は、同じクラスタ内の2つの項目が、別々のクラスタに属する項目よりもお互いに「近い」ということです。それは一般的な定義であり、「近さ」の解釈は自由な状態にしておきます。例えば、近さが生物学的分類（科、属、種）の階層での種の類似性によって測定されるとき、おそらくチーターとヒョウは同じクラスタに属するのに対して、ゾウは別のものに属します。

　そこには多くのクラスタリングアルゴリズムがあると想像することができます。本章では、**k平均法**と**自己組織化マップ**という2つのタイプに焦点を当てます。これらのアプローチは完全に**教師なし**であるため、グランドトゥルースのないモデルに適合します。

　まず、オーディオファイルをTensorFlowに読み込んで、それらを特徴ベクトルとして表現する方法について説明します。次に、実際の問題を解決するためのさまざまなクラスタリング手法を実装します。

5.1　TensorFlowでのファイルの走査

　機械学習アルゴリズムの一般的な入力タイプには、音声ファイルと画像ファイルがあります。これは驚くべきことではありません。なぜなら録音データや写真は加工されておらず冗長であり、しばしばノイズのある意味概念の表現であるからです。機械学習は、これらの複雑さを処理するためのツールです。

これらのデータファイルにはさまざまな実装があります。たとえば、画像をPNGまたはJPEGとしてエンコードし、オーディオファイルをMP3またはWAVにすることができます。本章では、クラスタリングアルゴリズムの入力としてオーディオファイルを読み込む方法を調べることで、音色の似ている音楽を自動的にグループ化します。

> **演習 5.1** MP3とWAVの長所と短所は何ですか？ PNGとJPEGはどうですか？
>
> **解答**
> MP3やJPEGはデータを大幅に圧縮するため、保存や送信が容易です。しかしこれらは損失が多く、WAVやPNGは元の内容に近い状態になっています。

ディスクからファイルを読むことは、厳密には機械学習特定の能力ではありません。NumpyやScipyなど、さまざまなPythonライブラリを使ってファイルをメモリに読み込むことができます。開発者の中にはデータの前処理ステップを機械学習ステップとは別に扱いたいと考えている人もいます。パイプラインを管理するには絶対に正しい方法や間違った方法はありませんが、データの前処理と学習の両方にTensorFlowを使用してみます。

TensorFlowは、tf.train.match_filenames_once(...)というディレクトリ内のファイルを一覧表示する演算子を提供します。この情報をキュー演算子tf.train.string_input_producer(...)に渡すことができます。こうすることで、一度にすべてをロードせずに、一度に1つずつファイル名にアクセスできます。ファイル名を指定すると、ファイルをデコードして使用可能なデータを取得できます。図5.1に、キューを使用するプロセスの概要を示します。

TensorFlowでディスクからファイルを読み込む方法の実装については、以下のリストを参照してください。

リスト 5.1　データ用のディレクトリを走査する

```
import tensorflow as tf

filenames = tf.train.match_filenames_once('./audio_dataset/*.wav')
count_num_files = tf.size(filenames)
filename_queue = tf.train.string_input_producer(filenames)
reader = tf.WholeFileReader()
filename, file_contents = reader.read(filename_queue)

with tf.Session() as sess:
    sess.run(tf.global_variables_initializer())
    num_files = sess.run(count_num_files)

    coord = tf.train.Coordinator()
    threads = tf.train.start_queue_runners(coord=coord)
```

```
for i in range(num_files):
    audio_file = sess.run(filename)
    print(audio_file)
```
データを
1つずつ
ループする

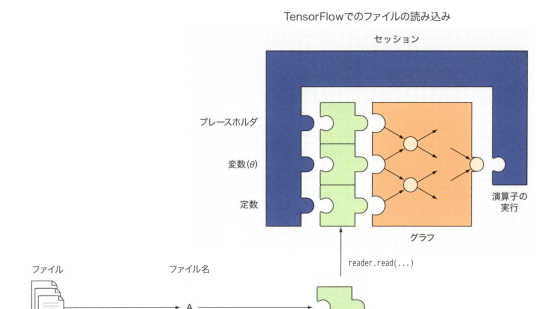

図 5.1　**TensorFlow** のキューを使用してファイルを読み取ることができる。このキューは **TensorFlow** フレームワークに組み込まれており、**reader.read(...)** 関数を使用してそのキューにアクセス（とデキュー）することができる

> **ヒント**
> リスト 5.1 が機能しない場合は、この本の公式フォーラムに掲載されているアドバイスを試してみてください：http://mng.bz/Q9aD

5.2　音声からの特徴抽出

　機械学習アルゴリズムは通常、入力として特徴ベクトルを使用するように設計されています。しかし音声ファイルは全く異なる形式です。特徴ベクトルを作成するため、音声ファイルから特徴を抽出する方法が必要です。

　それはファイルの表現方法を理解するのに役立ちます。あなたがビニール盤のレコードを見たことがあるなら、音声の表現がディスクに刻まれた溝であることに気づいたかもしれません。私たちの耳は、空気の振動から音声を解釈します。振動特性を記録

することにより、アルゴリズムはデータフォーマットで音を保存することができます。

現実世界は連続的ですが、コンピュータはデータを離散値で保存します。音声はアナログデジタルコンバータ（ADC: Analog-to-Digital Converter）を介して離散的表現にデジタル化されます。あなたは、音が時間の経過とともに波が変動しているものとして考えることができます。しかし、データはあまりにもノイズが多く、理解するのは難しいです。

波形を表現するのと同じ方法は、一定の時間間隔で波を調べることです。この考え方は**周波数領域**と呼ばれます。**離散フーリエ変換**（一般的には**高速フーリエ変換**として知られるアルゴリズム）と呼ばれる数学的演算を使用して、時間領域と周波数領域の間で変換するのは容易です。この手法を使用して、音声から特徴ベクトルを抽出します。

この周波数領域の音声を見るための便利な Python ライブラリがあります。https://github.com/BinRoot/BregmanToolkit/archive/master.zip からダウンロードしてください。それを展開し、次のコマンドを実行して設定します。

```
$ python setup.py install
```

> **Python 2 が必要**
> BregmanToolkit は Python 2 で正式にサポートされています。Jupyter を使用している場合は、公式の Jupyter ドキュメントに記載されている指示に従って、両方のバージョンの Python にアクセスできます。
> https://ipython.readthedocs.io/en/latest/install/kernel_install.html#kernels-for-python-2-and-3
> 特に、次のコマンドで Python 2 を組み込むことができます：
>
> ```
> $ python2 -m pip install ipykernel
> $ python2 -m -ipykernel install --user
> ```

音は 12 種類の音階を作ります。音楽用語では、C、C#、D、D#、E、F、F#、G、G#、A、A#、B の 12 個の音階があります。0.1 秒間隔で各音階の影響を調べ、結果として 12 行の行列が得られることをリスト 5.2 で示します。音声ファイルの長さが増えるにつれて、列の数が増えます。具体的には、t 秒の音声には $10 \times t$ の列があります。この行列は、音声の**クロマグラム**とも呼ばれます。

リスト 5.2　Python での音声の表現

```
from bregman.suite import *

def get_chromagram(audio_file):
    F = Chromagram(audio_file, nfft=16384, wfft=8192, nhop=2205)
    return F.X
```

- ファイル名を渡す
- これらのパラメータを使用して 0.1 秒ごとに 12 個の音階を記述する
- 1 秒あたり 10 回、12 次元のベクトルの値を表現する

クロマグラムの出力は、図 5.2 で視覚化された行列になります。音声クリップはクロマグラムとして読み取ることができ、クロマグラムは音声クリップを生成するための方法です。音声と行列を変換する方法はわかっています。ここまで学んできたように、ほとんどの機械学習アルゴリズムは、有効なデータ形式としての特徴ベクトルを受け入れます。つまり、最初に見ていく機械学習アルゴリズムは k 平均法によるクラスタリングです。

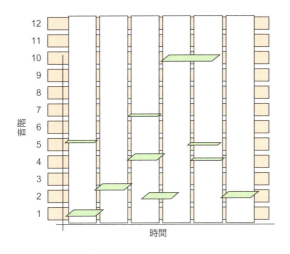

図 5.2　クロマグラム行列の視覚化。x 軸は時間を表し、y 軸は音階の種類を表す。緑色のマークは、その時の音階の存在を示す

クロマグラム上で機械学習アルゴリズムを実行するには、まず、どのようにして特徴ベクトルを表現するかを決める必要があります。1 つのアイデアは、図 5.3 に示すように、時間間隔ごとに最も影響の大きい音階の種類を見るだけで音声を単純化することです。

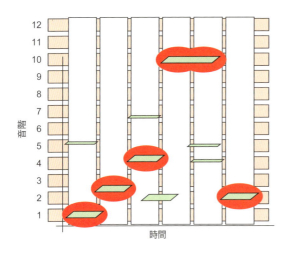

図 5.3　各時間間隔で最も影響力のある音階が強調表示される。それを各時間間隔で最も大きな音階と考えることができる

次に、各音階が音声ファイルに表示される回数を数えます。図 5.4 は、このデータを 12 次元ベクトルを形成するヒストグラムとして示します。すべてのカウントが 1 になるようにベクトルを正規化すると、さまざまな長さの音声を簡単に比較できます。

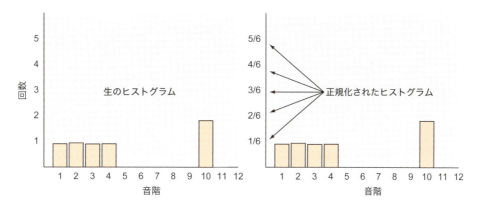

図 5.4 各区間で聞いた最も大きな音階の頻度を数え、ヒストグラムを生成する。これが特徴ベクトルとして機能する

演習 5.2 音声クリップを特徴ベクトルとして表現する方法は他に何がありますか？
解答
音声クリップを画像（スペクトログラムなど）として視覚化し、画像分析技術を用いて画像の特徴を抽出することができます。

ヒストグラムを生成するためにリスト 5.3 を見てみましょう。これが特徴ベクトルになります。

リスト 5.3　k 平均法データセットの取得

```
import tensorflow as tf
import numpy as np
from bregman.suite import *


filenames = tf.train.match_filenames_once('./audio_dataset/*.wav')
count_num_files = tf.size(filenames)
filename_queue = tf.train.string_input_producer(filenames)
reader = tf.WholeFileReader()
filename, file_contents = reader.read(filename_queue)

chroma = tf.placeholder(tf.float32)
max_freqs = tf.argmax(chroma, 0)         ◁─ 最大の貢献度を持つ音階を
                                              特定する演算子を作成する
def get_next_chromagram(sess):
    audio_file = sess.run(filename)
    F = Chromagram(audio_file, nfft=16384, wfft=8192, nhop=2205)
    return F.X
```

```
def extract_feature_vector(sess, chroma_data):
    num_features, num_samples = np.shape(chroma_data)
    freq_vals = sess.run(max_freqs, feed_dict={chroma: chroma_data})
    hist, bins = np.histogram(freq_vals, bins=range(num_features + 1))
    return hist.astype(float) / num_samples

def get_dataset(sess):                              ←  各行がデータ項目である
    num_files = sess.run(count_num_files)              行列を構築する
    coord = tf.train.Coordinator()
    threads = tf.train.start_queue_runners(coord=coord)   クロマグラムを特徴
    xs = []                                               ベクトルに変換する
    for _ in range(num_files):
        chroma_data = get_next_chromagram(sess)
        x = [extract_feature_vector(sess, chroma_data)]
        x = np.matrix(x)
        if len(xs) == 0:
            xs = x
        else:
            xs = np.vstack((xs, x))
    return xs
```

ヒント
すべてのコードリストが本書のウェブサイト www.manning.com/books/machine-learning-with-tensorflow と GitHub https://github.com/BinRoot/TensorFlow-Book/tree/master/ch05_clustering から入手可能です。

5.3　k平均クラスタリング

k平均アルゴリズムは、データをクラスタ化する最も古く最も堅牢な方法の1つです。k平均法の k は自然数を表す変数です。つまり、3平均クラスタリング、4平均クラスタリング、あるいは他の任意の k 値があると想像できます。したがって、k平均クラスタリングの第1のステップは、k の値を選択することです。より具体的に、$k = 3$ としましょう。これを念頭に置いて、3平均クラスタリングの目標は、データセットを3つのカテゴリ（**クラスタ**とも呼ばれます）に分割することです。

> **クラスタ数の選択**
> 適切な数のクラスタを選択することは、しばしばタスクに依存します。たとえば、若者や年配の何百人もの人々のためのイベントを計画しているとします。娯楽の選択肢が2つしかない場合は、$k = 2$ の k平均クラスタリングを使用して、ゲストを2つの年齢グループに分けることができます。それ以外のときは、k の値がどうあるべきかはっきりしません。k の値を自動的に計算することはもう少し複雑ですので、ここではあまり触れないようにしておきます。簡単に言えば、k の最良値を決定する直接的な方法は、k平均シミュレーションの範囲をイテレート（反復処理）し、コスト関数を適用して k の値がいくつであれば最小の k の値でクラスタ間の最も良い区分化ができるかを決定することです。

5.3 K平均クラスタリング

k平均アルゴリズムは、データ点を空間上の点として扱います。データセットがイベント内のゲストの集合である場合、それぞれの年齢で表現することができます。したがって、データセットは特徴ベクトルの集合になります。この場合、各特徴ベクトルは人物の年齢のみを考慮しているため、1次元です。

音声データから音楽をクラスタリングするには、データポイントを音声ファイルからの特徴ベクトルとします。2つの点が接近していると、その音声の機能が似ていることを意味します。これらのクラスタはおそらく音楽ファイルを整理する良い方法になるため、同じグループにどんな音声ファイルが属しているかを知りたくなります。

クラスタ内のすべての点の中間点を**重心**と呼びます。抽出する音声機能に応じて、重心は「大きな音」「高音」「サックスのような音」などの概念を取り込むことができます。k平均アルゴリズムは、クラスタ1、クラスタ2、クラスタ3などの特に意味の無いラベルを割り当てることに注意することが重要です。図5.5に音声データの例を示します。

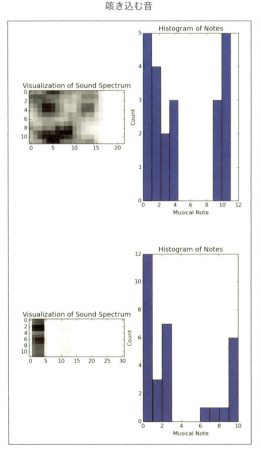
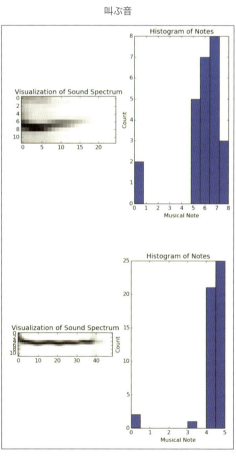

図5.5 音声ファイルの4つの例を示す。ご覧の通り、右の2つは同じようなヒストグラムになっている。左の2つも同じようなヒストグラムになっている。クラスタリングアルゴリズムはこれらの音声をまとめてグループ化することができる

k 平均アルゴリズムは、重心が最も近いクラスタを選択することによって、k 個のクラスタのうちの 1 つに特徴ベクトルを割り当てます。k 平均アルゴリズムは、クラスタの位置を推測することから始まります。そこから時間をかけて、反復的にその推測を改善します。アルゴリズムは推測を改善しなり収束するか、最大試行回数に達したときに停止します。

アルゴリズムの中心は、(1) 割り当てと (2) 再中心化という 2 つのタスクから成り立ちます。

1. 割り当ての段階では、各データ項目（特徴ベクトルとも呼ばれる）を最も近い重心のカテゴリに割り当てます。
2. 再中心化の段階では、新たに更新されたクラスタの中間点を計算します。これらの 2 つの段階は、クラスタリングの結果をより良くするために繰り返され、アルゴリズムは指定された回数繰り返されるか、割り当てが変化しなくなると停止します。アルゴリズムの視覚化については、図 5.6 を参照してください。

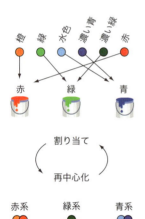

図 5.6 この図は k 平均アルゴリズムの 1 回の反復を示す。3 つのバケット（「カテゴリ」のくだけた表現）に色をクラスタリングしているとする。最初は赤、緑、青の推測から始め、上記のように割り当てステップを開始する。次に、各バケットに属する色を平均してバケット色を更新する。バケットが実質的に色を変えなくなるまで、繰り返し続ける

リスト 5.4 は、リスト 5.3 で生成されたデータセットを使って k 平均アルゴリズムを実装する方法を示しています。簡単にするため、k = 2 を選択します。これにより、アルゴリズムで音声ファイルを 2 つの異なるカテゴリに分割することを簡単に検証できます。最初の k 個のベクトルを重心の最初の推測として使用します。

リスト 5.4　k 平均法の実装

```
k = 2
max_iterations = 100

def initial_cluster_centroids(X, k):
    return X[0:k, :]
```

```python
def assign_cluster(X, centroids):
    expanded_vectors = tf.expand_dims(X, 0)
    expanded_centroids = tf.expand_dims(centroids, 1)
    distances = tf.reduce_sum(tf.square(tf.subtract(expanded_vectors,
                        expanded_centroids)), 2)
    mins = tf.argmin(distances, 0)
    return mins
def recompute_centroids(X, Y):
    sums = tf.unsorted_segment_sum(X, Y, k)
    counts = tf.unsorted_segment_sum(tf.ones_like(X), Y, k)
    return sums / counts
with tf.Session() as sess:
    sess.run(tf.global_variables_initializer())
    X = get_dataset(sess)
    centroids = initial_cluster_centroids(X, k)
    i, converged = 0, False
    while not converged and i < max_iterations:
        i += 1
        Y = assign_cluster(X, centroids)
        centroids = sess.run(recompute_centroids(X, Y))
print(centroids)
```

※各データ項目を最も近いクラスタに割り当てる

※クラスタの重心を中間点に更新する

※反復して最適なクラスタの場所を見つける

　以上です！　クラスタの数と特徴ベクトルの形式がわかっていれば、リスト5.4を使って何かをクラスタリングすることができます！　次節では、音声ファイル内の音声にクラスタリングを適用します。

5.4　音声のセグメンテーション

　前節では、さまざまな音声ファイルをクラスタリングして自動的にグループ化しました。本節では、1つの音声ファイル内でクラスタリングアルゴリズムを使用する方法について説明します。前者は**クラスタリング**と呼ばれますが、後者は**セグメンテーション**と呼ばれます。セグメンテーションはクラスタリングの別の言い方ですが、単一の画像または音声ファイルを別々の要素分割する場合、「クラスタ」ではなく「**セグメント**」と言うことがよくあります。文を単語に分割する方法は、単語を文字に分割する方法とは異なります。両者は大きな部品を小さな部品に分解するという一般的な考え方を共有していますが、言葉は文字とは大きく異なります。

　ポッドキャストやトークショーであると思われる、長い音声ファイルがあるとしましょう。音声インタビューで、2人のうちどちらの人が話しているのかを特定する機械学習アルゴリズムを作成するとします。音声ファイルをセグメント化する目的は、音声クリップのどの部分が同じカテゴリに属するかを関連付けることです。この場合、各人物ごとにカテゴリがあり、図5.7に示すように、各人の発言は適切なカテゴリに収束する必要があります。

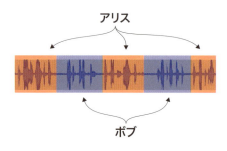

図 5.7 音声セグメンテーションはセグメントに自動的にラベルを付けるプロセスである

新しいソースファイルを開き、リスト 5.5 に従ってください。これでセグメンテーションのための音声データを整理することから始められます。音声ファイルをサイズ segment_size の複数のセグメントに分割します。非常に長い音声ファイルには、数千までではいかないにしても、数百のセグメントが含まれている必要があります。

リスト 5.5　セグメンテーションのためのデータ整理

```
import tensorflow as tf
import numpy as np
from bregman.suite import *

k = 2
segment_size = 50
max_iterations = 100

chroma = tf.placeholder(tf.float32)
max_freqs = tf.argmax(chroma, 0)

def get_chromagram(audio_file):
    F = Chromagram(audio_file, nfft=16384, wfft=8192, nhop=2205)
    return F.X

def get_dataset(sess, audio_file):
    chroma_data = get_chromagram(audio_file)
    print('chroma_data', np.shape(chroma_data))
    chroma_length = np.shape(chroma_data)[1]
    xs = []
    for i in range(chroma_length / segment_size):
        chroma_segment = chroma_data[:, i*segment_size:(i+1)*segment_size]
        x = extract_feature_vector(sess, chroma_segment)
        if len(xs) == 0:
            xs = x
        else:
            xs = np.vstack((xs, x))
    return xs
```

- クラスタの数を決める
- セグメントのサイズが小さいほど結果が良くなる（しかしパフォーマンスは低下する）
- 反復をいつ停止するかを決定する
- 音声のセグメントを別々のデータ項目として抽出しデータセットを取得する

このデータセットで k 平均クラスタリングを実行して、セグメントが似ている時期を特定します。k 平均法が同じラベルを持つ同じ発音セグメントを分類することが目的です。2 人の発音が大きく異なる場合、その音声の断片は異なるラベルに属します。

5.4 音声のセグメンテーション

リスト 5.6　音声クリップのセグメント化

```
with tf.Session() as sess:
    X = get_dataset(sess, 'TalkingMachinesPodcast.wav')
    print(np.shape(X))
    centroids = initial_cluster_centroids(X, k)
    i, converged = 0, False
    while not converged and i < max_iterations:
        i += 1
        Y = assign_cluster(X, centroids)
        centroids = sess.run(recompute_centroids(X, Y))
        if i % 50 == 0:
            print('iteration', i)
    segments = sess.run(Y)
    for i in range(len(segments)):
        seconds = (i * segment_size) / float(10)
        min, sec = divmod(seconds, 60)
        time_str = '{}m {}s'.format(min, sec)
        print(time_str, segments[i])
```

← k 平均アルゴリズムを実行する

← 各時間間隔ごとにラベルを出力する

　リスト 5.6 の実行結果は、ポッドキャスト中に誰が話しているかに対応するタイムスタンプとクラスタ ID のリストです。

```
('0.0m 0.0s', 0)
('0.0m 2.5s', 1)
('0.0m 5.0s', 0)
('0.0m 7.5s', 1)
('0.0m 10.0s', 1)
('0.0m 12.5s', 1)
('0.0m 15.0s', 1)
('0.0m 17.5s', 0)
('0.0m 20.0s', 1)
('0.0m 22.5s', 1)
('0.0m 25.0s', 0)
('0.0m 27.5s', 0)
```

> **演習 5.3**　（早い段階でアルゴリズムを停止できるように）クラスタ化アルゴリズムが収束したかどうかをどうやって検出することができますか？
>
> **解答**
> 1 つの方法は、クラスタの重心がどのように変化するかを監視し、更新が必要なくなった（誤差の大きさが反復毎で大きく変化しない、など）場合は収束を宣言することです。これを行うには、誤差の大きさを計算し、「大きさ」の基準を判断する必要があります。

5.5 自己組織化マップを使用したクラスタリング

自己組織化マップ（**SOM**：Self-Organizing Map）は、データをより低い次元の空間に表現するためのモデルです。その際、類似性のあるデータ項目を自動的に近くに移動させます。たとえば、大規模な集まりのためにピザを注文しているとします。一人一人のために同じタイプのピザを注文したくありません。ある人はパイナップルにキノコとピーマンのトッピングがあると思われるかもしれませんし、あなたはルッコラとタマネギのアンチョビを好むかもしれません。

トッピングにおける各人の好みは、3次元ベクトルとして表すことができます。SOMでは、（ピザ間の距離を定義すれば）これらの3次元ベクトルを2次元に埋め込むことができます。次に、2次元プロットの視覚化により、クラスタ数の候補がわかるようになります。

k平均アルゴリズムよりも収束に時間がかかることがありますが、SOMアプローチではクラスタ数についての仮定はありません。現実の世界では、クラスタ数の値を選択するのは難しいです。図5.8に示すような集まりを考えてみましょう。ここでは、クラスタは時間の経過と共に変化します。

図 5.8 現実世界では常にクラスタ内の人のグループが見える。k平均法を適用するには、事前にクラスタ数を知る必要がある。より柔軟なツールは自己組織化マップであり、その場合はクラスタ数についての予想はない

SOMは、単にデータをクラスタリングに役立つ構造に再解釈するだけのものです。アルゴリズムは次のように動作します。まず、各ノードがデータ項目と同じ次元の重みベクトルを保持するノードのグリッドを設計します。各ノードの重みは、通常は標準正規分布からの乱数で初期化されます。

次に、ネットワークにデータ項目を1つずつ表示します。各データ項目について、ネットワークは重みベクトルが最も近いノードを識別します。このノードは、**ベストマッチングユニット**（BMU: Best Matching Unit）と呼ばれます。

ネットワークが BMU を識別した後、BMU のすべての隣接ノードが更新され、その重みベクトルが BMU の値に近づくようにします。近くにあるノードは離れたノードよりも強く影響を受けます。さらに BMU 周辺の近隣のいくつかは、通常試行錯誤して決めた比率で時間とともに縮小します。図 5.9 はアルゴリズムをイラスト化したものです。

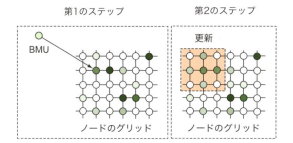

図 5.9 この図は SOM アルゴリズムの 1 回の反復を視覚化したものである。第 1 のステップは、ベストマッチングユニット（BMU）を特定することであり、第 2 のステップは隣接ノードを更新することである。これらの 2 つのステップを収束基準まで訓練データを用いて繰り返し続ける

次のリストでは、TensorFlow で SOM の実装を開始する方法を示します。新しいソースファイルを開いて続けてください。

リスト 5.7　SOM アルゴリズムの設定

```
import tensorflow as tf
import numpy as np

class SOM:
    def __init__(self, width, height, dim):
        self.num_iters = 100
        self.width = width
        self.height = height
        self.dim = dim
        self.node_locs = self.get_locs()

        nodes = tf.Variable(tf.random_normal([width*height, dim]))
        self.nodes = nodes

        x = tf.placeholder(tf.float32, [dim])
        iter = tf.placeholder(tf.float32)

        self.x = x
        self.iter = iter

        bmu_loc = self.get_bmu_loc(x)

        self.propagate_nodes = self.get_propagation(bmu_loc, x, iter)
```

各ノードを dim 次元のベクトルとする。2D グリッドの場合は width*height 個のノードがある。get_locs はリスト 5.10 で定義されている

これらの 2 つの操作は各反復での入力になる

別のメソッドからアクセスする必要がある

入力に最も近いノードを見つける（リスト 5.9）

周辺の値を更新する（リスト 5.8）

次に、リスト 5.8 では、現在の時間間隔と BMU の位置を考慮して隣接ノードの重みを更新する方法を定義します。時間が経つにつれて、BMU の隣接ノードの重みは変化の影響を受けにくくなります。そのようにして、時間がたつにつれて重みが次第に決まります。

リスト 5.8　隣接ノードの値を更新する方法を定義する

```
def get_propagation(self, bmu_loc, x, iter):
    num_nodes = self.width * self.height
    rate = 1.0 - tf.div(iter, self.num_iters)
    alpha = rate * 0.5
    sigma = rate * tf.to_float(tf.maximum(self.width, self.height)) / 2.
    expanded_bmu_loc = tf.expand_dims(tf.to_float(bmu_loc), 0)
    sqr_dists_from_bmu = tf.reduce_sum(
      tf.square(tf.subtract(expanded_bmu_loc, self.node_locs)), 1)
    neigh_factor =
      tf.exp(-tf.div(sqr_dists_from_bmu, 2 * tf.square(sigma)))
    rate = tf.multiply(alpha, neigh_factor)
    rate_factor =
      tf.stack([tf.tile(tf.slice(rate, [i], [1]),
                [self.dim]) for i in range(num_nodes)])
    nodes_diff = tf.multiply(
      rate_factor,
      tf.subtract(tf.stack([x for i in range(num_nodes)]), self.nodes))
    update_nodes = tf.add(self.nodes, nodes_diff)
    return tf.assign(self.nodes, update_nodes)
```

- bmu_loc を展開することで、node_locs の各要素とペアで効率的に比較できる
- iter が増加するにつれて rate は減少する。この値は alpha や sigma のパラメータに影響する
- bmu に近いノードがより大きく変化するようにする
- 更新の定義をする
- 更新を実行するための操作を返す

以下にリストに、入力データ項目が与えられた BMU の場所を見つける方法を示します。ノードのグリッドを探索して、最も近いものと一致するものを見つけます。これは k 平均クラスタリングにおける割り当てステップに非常に似ており、グリッド内の各ノードは潜在的にクラスタの重心になっています。

リスト 5.9　最も近いマッチのノード位置を取得する

```
def get_bmu_loc(self, x):
    expanded_x = tf.expand_dims(x, 0)
    sqr_diff = tf.square(tf.subtract(expanded_x, self.nodes))
    dists = tf.reduce_sum(sqr_diff, 1)
    bmu_idx = tf.argmin(dists, 0)
    bmu_loc = tf.stack([tf.mod(bmu_idx, self.width), tf.div(bmu_idx,
                        self.width)])
    return bmu_loc
```

次のリストでは、ヘルパーメソッドを作成してグリッド内のすべてのノード上の位置 (x, y) のリストを生成します。

リスト 5.10　点の行列を生成する

```python
def get_locs(self):
    locs = [[x, y]
            for y in range(self.height)
            for x in range(self.width)]
    return tf.to_float(locs)
```

最後に、リスト 5.11 に示すように、アルゴリズムを実行するための train というメソッドを定義しましょう。まずセッションを設定し、global_variables_initializer を実行する必要があります。次に、入力データを 1 つずつ使用して重みを更新するために num_iters を一定回数ループします。ループ終了後、最終的なノードの重みとその位置を記録します。

リスト 5.11　SOM アルゴリズムの実行

```python
def train(self, data):
    with tf.Session() as sess:
        sess.run(tf.global_variables_initializer())
        for i in range(self.num_iters):
            for data_x in data:
                sess.run(self.propagate_nodes, feed_dict={self.x: data_x,
                    self.iter: i})
        centroid_grid = [[] for i in range(self.width)]
        self.nodes_val = list(sess.run(self.nodes))
        self.locs_val = list(sess.run(self.node_locs))
        for i, l in enumerate(self.locs_val):
            centroid_grid[int(l[0])].append(self.nodes_val[i])
        self.centroid_grid = centroid_grid
```

これでおしまいです！　さて、実際に実行結果を見てみましょう。SOM に何か入力を与えて実装をテストします。リスト 5.12 では、入力は 3 次元の特徴ベクトルのリストです。SOM の訓練のために、データ内のクラスタを学習します。4×4 グリッドを使用しますが、さまざまな値を試して最適なグリッドサイズを相互に検証することをお勧めします。図 5.10 にコード実行結果の出力を示します。

リスト 5.12 結果をテストし視覚化する

```
from matplotlib import pyplot as plt
import numpy as np
from som import SOM

colors = np.array(
    [[0., 0., 1.],
     [0., 0., 0.95],
     [0., 0.05, 1.],
     [0., 1., 0.],
     [0., 0.95, 0.],
     [0., 1, 0.05],
     [1., 0., 0.],
     [1., 0.05, 0.],
     [1., 0., 0.05],
     [1., 1., 0.]])

som = SOM(4, 4, 3)         ← グリッドサイズは 4×4、
som.train(colors)             入力サイズは 3

plt.imshow(som.centroid_grid)
plt.show()
```

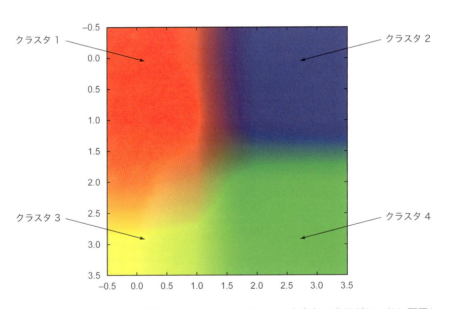

図 5.10 SOM の出力を視覚化する。すべての 3 次元データ点を 2 次元グリッドに配置している。そこからクラスタの重心を（自動または手動で）選択し、直感的に低次元空間でクラスタリングを実現できる

SOM はクラスタリングを行い易くするために高次元のデータを 2D に埋め込みます。これは便利な前処理ステップとして機能します。SOM の出力を観察することで、手動でクラスタの重心を示すことができますが、重みの勾配を観察することで、重心候補を自動的に見つけることもできます。

5.6 クラスタリングの活用

　既にクラスタリングの 2 つの実用的な活用を見てきました。楽曲を整理し、音声クリップをセグメント化して、類似性のある音声にラベルを付けました。クラスタリングは、訓練データセットに対応するラベルが含まれていない場合に特に役立ちます。ご存じのように、このような状況は教師なし学習の特徴です。データに注釈を付けるのは非常に不便なこともあります。

　たとえば、電話機やスマートウォッチの加速度計からのセンサーデータを理解したいとします。各時間ステップで、加速度計は 3 次元ベクトルを提供しますが、人間が歩いているか、立っているか、座っているか、踊っているか、ジョギングしているかどうかはわかりません。このようなデータセットは http://mng.bz/rTMe で入手できます。

　時系列データをクラスタ化するには、加速度計ベクトルのリストを簡潔な特徴ベクトルに要約する必要があります。1 つの方法は、加速度の連続的な大きさの差のヒストグラムを生成することです。加速度の変化率はジャークと呼ばれ、同じ操作を適用してジャークの大きさの違いを説明するヒストグラムを得ることができます。

　データからヒストグラムを生成するこのプロセスは、本章で説明する音声データの前処理ステップとまったく同じです。ヒストグラムを特徴ベクトルに変換した後は、先に説明したものと同じコードリスト（TensorFlow の k-means など）を使用できます。

注意　以前の章では教師ありの学習について議論してきたのに対して、本章では教師なしの学習に焦点を当てました。次章では、実際には 2 つの方法とは異なる機械学習アルゴリズムについて説明します。今日のプログラマーからはあまり注目されていないモデリングフレームワークですが、統計学者がデータの隠れた要素を明らかにするための不可欠なツールです。

5.7 まとめ

- クラスタリングは、データの構造を発見するための教師なし機械学習アルゴリズムである。
- K平均クラスタリングは実装と理解が最も簡単な手段の1つであり、速度と精度の点でも優れている。
- クラスタ数が指定されていない場合は、自己組織化マップアルゴリズム (SOM) を使用して単純な視点でデータを表示できる。

隠れマルコフモデル

6章　隠れマルコフモデル

本章の内容
- 解釈モデルの定義
- データをモデル化するためのマルコフ連鎖の使用
- 隠れマルコフモデルを用いた隠れ状態の推定

　ロケットが爆発してしまうと、誰かが解雇される可能性がありますので、ロケット科学者やエンジニアはあらゆる部品や構成について正確な判断を下すことができなければなりません。彼らは物理的なシミュレーションと第一原理からの数学的な推論によって判断します。あなたも純粋な論理的思考によって科学の問題を解決してきました。ボイルの法則を考えてみましょう。一定の温度下で気体の圧力と体積は反比例の関係にあります。世界に関して発見されたこれらの単純な法則から、洞察的な推論を行うことができます。最近では、機械学習は演繹的推論を行うための重要なパートナーの役割を果たすようになりました。

　ロケット科学と**機械学習**は、通常一緒に現れるフレーズではありません。しかし今日では、知的なデータ駆動型アルゴリズムを使用して実際のセンサーの読み取り値をモデリングするのは、航空宇宙産業においてより親しみやすくなっています。また、機械学習技術の使用は、医療や自動車産業においても盛んになっています。しかし、それはなぜでしょう？

　機械学習の流入理由の一部は、学習されたパラメータに**明確な解釈がある**機械学習モデルが、解釈可能なモデルのより良い理解につながる可能性があるからです。例えばロケットが爆発した場合、解釈可能なモデルが根本的な原因を追跡するのに役立つかもしれません。

演習 6.1　モデルを解釈可能にするのは、少し主観的なことかもしれません。解釈可能なモデルのためのあなたの基準は何ですか？

解答
事実上の説明技術として数学的証明を参照したいところです。ある数学の定理が正しいと確信できていれば、推論の手順に論理的な誤りがないように追跡する証明で十分です。

　本章では、観測の裏に隠された説明を公開する方法について説明します。人形師が、人形を生きているように見せるために糸を引っ張るとしましょう。人形の動きだけを分析すると、無生物がどのように動くかについての過度に複雑な結論につながる可能性があります。人形に糸が付いていることに気付けば、生き物のような動きの一番の原因は人形師であることを理解するでしょう。

それに関して、本章では隠れマルコフモデル（HMM:Hidden Markov Models）を紹介します。HMMは、研究中の問題に関する直感的な特性を示します。HMMは、観測を説明する「人形師」です。マルコフ連鎖を用いた観測をモデル化します。これについては6.2節で説明します。

マルコフ連鎖とHMMについて詳しく説明する前に、いくつかの代替モデルを考えてみましょう。モデルがどの程度解釈可能でないかを見るには、6.1節に従ってください。

6.1 解釈不可能なモデルの例

解釈が難しいブラックボックスの機械学習アルゴリズムの古典的な1つの例を用います。画像分類のタスクでは、各入力画像にラベルを割り当てることが目標です。より簡単に言えば、画像分類は「リストされたカテゴリのどれが画像を最もよく表していますか」のような複数の選択肢の質問として示されることがよくあります。機械学習の実践者は、この問題を解決するために驚異的な進歩を遂げ、今日の最良の画像分類器は、特定のデータセットにおいては人間と同じレベルの性能です。

この問題を解決する方法については、多くのパラメータを学習させる機械学習モデルのクラスである畳み込みニューラルネットワーク（CNN:convolutional neural networks）の後の9章で学習します。しかしCNNでも問題はあります。何百万ではないにしても、何千ものパラメータが何を意味しているのでしょうか？ 画像分類器になぜそうしたのかを尋ねるのは難しいことです。私たちが利用できるのは学習されたパラメータだけです。分類の背後にある理由を簡単に説明できないかもしれません。

機械学習では、特定の問題を解決するブラックボックスツールであることが、その結論にどのように到達するかについての洞察を明らかにすることなく評価されることがあります。本章の目的は、機械学習の領域を解釈可能なモデルで表すことです。具体的には、HMMについて学び、それを実装するためにTensorFlowを使用します。

6.2 マルコフモデル

アンドレイ・マルコフ（Andrey Markov）は、ランダム性の存在下でシステムがどのように変化するかを研究したロシアの数学者でした。空気中で気体粒子が跳ね返ってくると想像してください。ニュートン物理学によって各粒子の位置を追跡することはあまりにも複雑になる可能性があるため、ランダム性を導入することは物理モデルを少し単純化するのに役立ちます。

マルコフは、気体粒子の限られた領域を考えるとランダム性のあるシステムをさらに単純化するのに役立つことをに気付きました。例えば、ヨーロッパの気体粒子は、米国の粒子にほとんど影響を与えないかもしれません。これは無視してもよさそうですね？ システム全体ではなく、近傍を見るだけで数学は簡単になります。この概念は現在、**マルコフ性**と呼ばれています。

天気のモデリングを考えてみてください。気象学者は、気温を予測するのに役立つ温度計、気圧計、風速計に関するさまざまな条件を評価します。彼らは優れた洞察力と何年もの経験を活かして仕事をしています。

マルコフ性を使って簡単なモデルを使い始める方法を見てみましょう。まず、私たちが研究したいと思う状況や**状態**を特定します。図 6.1 は、曇り、雨、晴れの 3 つの気象状態をグラフで示しています。

図 6.1　グラフ内のノードとして表される気象条件

気象状態を定義しましたので、ある状態がどのように別の状態に変わるかを定義したいと考えます。決定的なシステムとして天気をモデル化することは困難です。今日は晴れていれば、明日も必ず晴れるだろうと言うことはできません。代わりにランダム性を導入し、今日は晴れていれば、明日も晴れている可能性が 90%、曇りの可能性は 10%、のように言うことができます。マルコフ性は、(過去のすべての履歴を使用するのではなく) 今日の気象条件のみを使用して明日の予測を行うときに機能します。

> **演習 6.2**　現在の状態のみに基づいて実行するアクションを決定するロボットは、マルコフ性に従うと言われています。そのような意思決定プロセスのメリットとデメリットは何ですか？
>
> **解答**
> マルコフ性は、計算処理がしやすいというメリットがあります。しかし、これらのモデルは知識の履歴を蓄積する必要がある状況 (例えば時間経過による傾向が重要であったり、過去の状態の知識によってその後の考えに良い影響を与えるような状況) に一般化することはできません。

図 6.2 は、状態の遷移をノード間に描かれた有向辺として示し、矢印は次の未来の状態を指します。各辺には確率 (今日が雨であれば明日曇る確率は 30% 等) を表す重みがあります。2 つのノード間に辺がない場合は、その変換の確率がゼロに近いことを示しています。遷移確率は過去のデータから知ることができますが、今のところはすでに与えられていると仮定しましょう。

3つの状態がある場合は、遷移を 3 × 3 の行列として表すことができます。行列の各要素 (i 行 j 列) は、ノード i からノード j への辺に関連する確率に対応しています。一般に、N 個の状態を持つ場合、遷移行列は N×N のサイズになります。

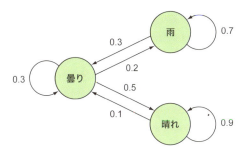

図 6.2　気象条件間の遷移確率は、有向辺として表される

このシステムを**マルコフモデル**と呼びます。時間が経つと、以前に定義された遷移確率を使用して状態が変化します (図 6.2 参照)。この例では、晴れた日の次の日も晴れになる確率が 90% であるため、確率が 0.9 で自分自身のノードに戻る辺を示しています。晴れた日の次の日が曇りになる確率は 10% であるため、図では晴れから曇りを指す辺が 0.1 と示されています。

図 6.3 は、遷移確率を考慮して状態がどのように変化するかを別の方法で視覚化しています。それはしばしば**トレリス線図**と呼ばれ、後で TensorFlow アルゴリズムを実装するのに不可欠なツールとなります。

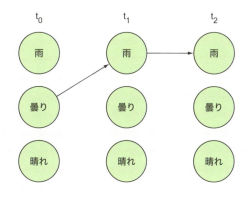

図 6.3　時間の経過とともに状態を変化させるマルコフシステムのトレリス表現

これまでの章では、TensorFlow のコードが計算を表すグラフをどのように構築するかを見てきました。マルコフモデルの各ノードを TensorFlow のノードとして扱うのは魅力的かもしれません。しかし、図 6.2 と 6.3 では状態遷移をうまく視覚化していますが、図 6.4 に示すように、実際にコードで実装する方が効率的です。

図6.4 遷移行列は、左（行）の遷移状態から上（列）の遷移状態への確率を伝える

TensorFlow グラフのノードはテンソルであるため、TensorFlow の遷移行列（単に T と呼びましょう）を単なるノードとして表現できることを覚えておいてください。それから TensorFlow ノードで数学演算を適用して興味深い結果を得ることができます。

たとえば、雨の日よりも晴れた日を好むと仮定すると、毎日のスコアが関連付けられます。あなたは、各状態のスコアを 3×1 の行列 s で表します。次に、TensorFlow の tf.matmul (T * s) で 2 つの行列を掛け合わせることにより、各状態からの遷移の期待される優先度が得られます。

マルコフモデルで状況を表現することで、世界をどのように見えるかを大幅に単純化することができます。しかし、世界の状態を直接測定することは多くの場合困難です。しばしば、隠れた意味を理解するために複数の観測からの根拠を使用しなければなりません。それを次節で解決してみます！

6.3 隠れマルコフモデル

前節で定義したマルコフモデルは、すべての状態が観測可能である場合に便利ですが、必ずしもそうであるとは限りません。町の気温測定値にしかアクセスできない場合を考えてみてください。気温は天気ではありませんが、関連性はあります。それでは、この間接的な測定値からどのようにして天気を推測すればよいでしょうか？

晴れた日は気温が高くなる可能性が最も高い一方、雨天は気温が低くなる傾向があります。温度の知見と遷移確率だけで、最も可能性の高い天気を知的推論しているかもしれません。このような問題は現実世界では非常に一般的です。状態はヒントの痕跡を残しているかもしれませんし、そのヒントだけが利用できるすべてなのです。

世界の真の状態（雨が降っているか晴れているかなど）が直接観測できないため、これらのモデルは HMM（隠れマルコフモデル）のようです。これらの隠れ状態はマルコフモデルに従い、各状態は可能性のある測定可能な観測値を出力します。たとえば、「晴れ」の隠れ状態は高温の読み取り値を出力することがありますが、何らかの理由で読み取り値が低くなることもあります。

HMMでは、出力確率を定義する必要があります。出力確率は、通常、出力行列と呼ばれる行列として表されます。行列の行数は、状態数（晴れ, 曇り, 雨）であり、列数は観測タイプ（暑い, 普通, 寒い）の数です。行列の各要素は、出力に関連する確率です。

図6.5に示すように、HMMを視覚化する標準的な方法は、トレリスに観測を追加するものです。

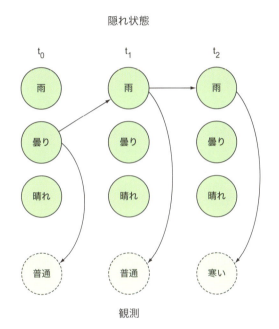

図6.5　気象条件が気温の読みをどのように生成するかを示す隠れマルコフモデルのトレリス

ほぼ**そのまま**です。HMMは、遷移確率、出力確率、さらにもう1つ、**初期確率**の記述です。初期確率は、各状態が起こる、事前知識なしの確率です。もし我々がロサンゼルスの天気をモデリングしているなら、おそらく「晴れ」の初期確率はもっと大きくなるでしょう。あるいはシアトルの天気をモデリングしているとしましょう。その場合は「雨」の初期確率をより高いものに設定するでしょう。

HMMを使用すると、一連の観測を理解することができます。この気象モデリングにおいて、一連の温度測定値を観測する確率はどれくらいですか？　と、おそらく問いたくなるでしょう。この問いには、**前向きアルゴリズム**を使ってお答えします。

6.4 前向きアルゴリズム

前向きアルゴリズムは、観測の確率を計算します。特定の観測を引き起こす可能性のある順列はたくさんあるため、すべての可能性を列挙すると、単純な方法は計算に指数関数的な時間がかかってしまいます。

代わりに、**動的プログラミング**を使用することによって問題を解決することができます。これは、複雑な問題を単純なものに分割し、参照テーブルを使用して結果をキャッシュする方法です。コードでは、参照テーブルを NumPy 配列として保存し、更新するために TensorFlow 演算に用います。

次のリスト 6.1 に示すように、隠れマルコフモデルパラメータを取得するための HMM クラスを作成します。HMM クラスには、初期確率ベクトル、遷移確率行列、出力確率行列を含みます。

リスト 6.1　HMM クラスを定義する

```
import numpy as np                                  必要なライブラリを
import tensorflow as tf                             インポートする

class HMM(object):
    def __init__(self, initial_prob, trans_prob, obs_prob):
        self.N = np.size(initial_prob)
        self.initial_prob = initial_prob             メソッド変数として
        self.trans_prob = trans_prob                 パラメータを
        self.emission = tf.constant(obs_prob)        保存する

        assert self.initial_prob.shape == (self.N, 1)
        assert self.trans_prob.shape == (self.N, self.N)   すべての行列の
        assert obs_prob.shape[0] == self.N                 サイズを二重に
                                                           確認しておく

        self.obs_idx = tf.placeholder(tf.int32)      前向きアルゴリズムに使用され
        self.fwd = tf.placeholder(tf.float64)        るプレースホルダを定義する
```

次にクイックヘルパー関数を定義して、出力行列から行にアクセスします。次のリストのコードは、任意の行列から効率的にデータを取得するヘルパー関数です。このコードで使用する slice 関数は、元のテンソルから一部抽出します。この関数は、関連するテンソル、テンソルで指定された開始位置、テンソルで指定されたスライスのサイズを入力として要求します。

6.4 前向きアルゴリズム

リスト 6.2　観測の出力確率にアクセスするためのヘルパー関数を作成する

```
def get_emission(self, obs_idx):
    slice_location = [0, obs_idx]          ← 出力行列をスライスする場所
    num_rows = tf.shape(self.emission)[0]  ← スライスする行のサイズ
    slice_shape = [num_rows, 1]
    return tf.slice(self.emission, slice_location, slice_shape)  ← スライス演算子を実行する
```

TensorFlow の操作を 2 つ定義する必要があります。1 つ目は、次のリスト（リスト 6.3）のように、前向きアルゴリズムのキャッシュを初期化するために 1 回だけ実行されます。

リスト 6.3　キャッシュを初期化する

```
def forward_init_op(self):
    obs_prob = self.get_emission(self.obs_idx)
    fwd = tf.multiply(self.initial_prob, obs_prob)
    return fwd
```

そして次の操作は、リスト 6.4 に示すように、観測時ごとにキャッシュを更新します。このコードを実行することは、多くの場合**前向きステップの実行**と呼ばれます。この forward_op 関数は入力を受けないように見えますが、セッションに供給する必要があるプレースホルダー変数に依存します。具体的には、self.fwd と self.obs_idx がこの関数の入力です。

リスト 6.4　キャッシュの更新

```
def forward_op(self):
    transitions = tf.matmul(self.fwd,
 tf.transpose(self.get_emission(self.obs_idx)))
    weighted_transitions = transitions * self.trans_prob
    fwd = tf.reduce_sum(weighted_transitions, 0)
    return tf.reshape(fwd, tf.shape(self.fwd))
```

HMM クラスの外側で、次のリスト 6.5 に示すように、前向きアルゴリズムを実行する関数を定義しましょう。前向きアルゴリズムは、各観測について前向きステップを実行します。最後に、最終的な観測確率を出力します。

リスト 6.5　与えられた HMM に対する前向きアルゴリズムを定義する

```
def forward_algorithm(sess, hmm, observations):
    fwd = sess.run(hmm.forward_init_op(), feed_dict={hmm.obs_idx:
 observations[0]})
    for t in range(1, len(observations)):
        fwd = sess.run(hmm.forward_op(), feed_dict={hmm.obs_idx:
 observations[t], hmm.fwd: fwd})
    prob = sess.run(tf.reduce_sum(fwd))
    return prob
```

メイン関数では、初期確率ベクトル、遷移確率行列、出力確率行列を入力としてHMMクラスを設定します。次に上記で定義した前向きアルゴリズムを呼び出します。リスト6.6を参照してください。

一般に、3つの概念は以下のように定義されます。

- **初期確率ベクトル** – 状態の開始確率
- **遷移確率行列** – 現在の状態が与えられたとき、次の状態への移行に関連する確率
- **出現確率行列** – 興味を持っている状態が発生すること示す状態を観測する可能性

これらの行列が与えられたら、今定義した前向きアルゴリズムを呼び出します。

一貫性を保つために、リスト6.6の例は、図6.6に示すように、HMMに関するWikipediaの記事 (https://en.wikipedia.org/wiki/Hidden_Markov_model#A_concrete_example) から直接取り上げられています。

```
states = ('Rainy', 'Sunny')

observations = ('walk', 'shop', 'clean')

start_probability = {'Rainy': 0.6, 'Sunny': 0.4}

transition_probability = {
   'Rainy'  : {'Rainy': 0.7, 'Sunny': 0.3},
   'Sunny'  : {'Rainy': 0.4, 'Sunny': 0.6},
}

emission_probability = {
   'Rainy'  : {'walk': 0.1, 'shop': 0.4, 'clean': 0.5},
   'Sunny'  : {'walk': 0.6, 'shop': 0.3, 'clean': 0.1},
}
```

図6.6 WikipediaのHMMの例のスクリーンショット

リスト6.6 HMMを定義し、前向きアルゴリズムを呼び出す

```python
if __name__ == '__main__':
    initial_prob = np.array([[0.6],
                             [0.4]])
    trans_prob = np.array([[0.7, 0.3],
                           [0.4, 0.6]])
    obs_prob = np.array([[0.1, 0.4, 0.5],
                         [0.6, 0.3, 0.1]])
    hmm = HMM(initial_prob=initial_prob, trans_prob=trans_prob,
     obs_prob=obs_prob)

    observations = [0, 1, 1, 2, 1]
    with tf.Session() as sess:
        prob = forward_algorithm(sess, hmm, observations)
        print('Probability of observing {} is {}'.format(observations, prob))
```

リスト 6.6 を実行すると、アルゴリズムは以下を出力します:

```
Probability of observing [0, 1, 1, 2, 1] is 0.0045403
```

6.5 ビタビ復号

ビタビ復号アルゴリズムは、観測された事象系列を結果として生じる隠れた状態の尤もらしい並び見つけます。前向きアルゴリズムに似たキャッシュ機構が必要になります。キャッシュの名前を `viterbi` とします。HMM コンストラクタで、次の行をリスト 6.7 に追加します。

リスト 6.7　メンバー変数として Viterbi キャッシュを追加する

```python
def __init__(self, initial_prob, trans_prob, obs_prob):
  ...
  ...
  ...
  self.viterbi = tf.placeholder(tf.float64)
```

次のリスト 6.8 では、`viterbi` キャッシュを更新する TensorFlow の操作を定義しましょう。これは HMM クラスのメソッドになります。

リスト 6.8　前向きキャッシュを更新する操作を定義する

```python
def decode_op(self):
        transitions = tf.matmul(self.viterbi,
    tf.transpose(self.get_emission(self.obs_idx)))
        weighted_transitions = transitions * self.trans_prob
        viterbi = tf.reduce_max(weighted_transitions, 0)
        return tf.reshape(viterbi, tf.shape(self.viterbi))
```

バックポインタを更新する操作も必要です。

リスト 6.9　バックポインタを更新する操作を定義する

```python
def backpt_op(self):
    back_transitions = tf.matmul(self.viterbi, np.ones((1, self.N)))
    weighted_back_transitions = back_transitions * self.trans_prob
    return tf.argmax(weighted_back_transitions, 0)
```

最後に次のリスト 6.10 で、HMM 外のビタビ復号関数を定義します。

リスト 6.10

```
def viterbi_decode(sess, hmm, observations):
    viterbi = sess.run(hmm.forward_init_op(), feed_dict={hmm.obs:
     observations[0]})
    backpts = np.ones((hmm.N, len(observations)), 'int32') * -1
    for t in range(1, len(observations)):
        viterbi, backpt = sess.run([hmm.decode_op(), hmm.backpt_op()],
                            feed_dict={hmm.obs: observations[t],
                                       hmm.viterbi: viterbi})
        backpts[:, t] = backpt
    tokens = [viterbi[:, -1].argmax()]
    for i in range(len(observations) - 1, 0, -1):
        tokens.append(backpts[tokens[-1], i])
    return tokens[::-1]
```

メイン関数の次のリスト 6.11 のコードを実行して、観測データのビタビ復号を評価することができます。

リスト 6.11　ビタビ復号を実行する

```
seq = viterbi_decode(sess, hmm, observations)
print('Most likely hidden states are {}'.format(seq))
```

6.6 隠れマルコフモデルの使用

前向き経路とビタビアルゴリズムを実装しましたので、新しく発見する力の興味深い用途を、いくつか見てみましょう。

6.6.1 動画のモデリング

どのように歩いているかということだけに基づいて、その人を認識できると想像してください。人の歩行に基づいてその人を特定することは非常にクールなアイデアですが、まず歩き方を認識するためのモデルが必要です。歩き方に対する隠れ状態の時系列は、(1) 休止位置、(2) 右足前方、(3) 休止位置、(4) 左足前方、(5) 休止位置である HMM を考えます。観測された状態は、ビデオクリップから得られる、歩く / ジョギングする / 走っている人のシルエットです (そのような例のデータセットは http://mng.bz/Tqfx にあります)。

6.6.2 DNA のモデリング

DNA はヌクレオチドの配列であり、我々はその構造について少しずつ学んでいます。長い DNA 文字列を理解するための上手い方法の 1 つは、出現順序について確率をいくらか知ってるかどうかの領域をモデル化することです。雨の日の後に曇った日が一

般的であるように、DNA 配列の特定の領域（**開始コドン**）は、別の領域（**停止コドン**）の前にある方がより一般的かもしれません。

6.6.3　画像のモデリング

手書き認識では、手書き単語の画像から平文を検索することを目指します。1つのアプローチは、一度に1つの文字を解読し、結果を連結する方法です。文字の並びとして書かれたものであるという洞察を使用して、HMM を構築することができます。前の文字を知ることで、次の文字の可能性を排除するのに役立つかもしれません。隠れ状態は平文であり、観測データは個々の文字を含む切り抜かれた画像です。

6.7　隠れマルコフモデルの応用

隠れマルコフモデルは、隠れ状態が何であるか、そしてそれらが時間経過に伴ってどのように変化するかを考えるときに最も効果的です。幸いにも、自然言語処理の分野では、HMM を用いて文の品詞をタグ付けすることができています。

- 文中の単語の並びは、HMM の観察に対応します。たとえば、「Open the pod bay doors, HAL（侵入口を開けろ、ハル）」という文章には、6つの単語があります。
- 隠れ状態は、動詞、名詞、形容詞などの品詞です。例文の「open」という単語は、隠れ状態の動詞に対応する必要があります。
- 遷移確率は、プログラマやデータから得られたものを用いて設計されます。これらの確率は、品詞の規則を表します。例えば、2つの動詞が連続して現れる確率は低くなければならない等です。遷移確率を設定することで、アルゴリズムがすべての可能性を総当たりするのを避けることができます。
- 各単語の出現確率はデータから得ることができます。従来の品詞タグ付けデータセットは Moby と呼ばれています。www.gutenberg.org/ebooks/3203 で見つけることができます。

注意　隠れマルコフモデルを使用して独自の実験を設計するために必要なものが手に用意できました！　これは強力なツールですから、あなた自身が持っているデータで試してみることを強くお勧めします。いくつかの遷移と出現を事前に定義し、隠れ状態を復元できるかどうかを確認してください。本章があなたの手助けとなることを期待しています。

6.8 まとめ

　隠れマルコフモデルを使用して独自の実験を設計するために必要なものが用意できました！　これは強力なツールですから、あなた自身が持っているデータで試してみることを強くお勧めします。いくつかの遷移と出力を事前に定義し、隠れ状態を復元できるかどうかを確認してください。本章があなたの手助けとなることを願っています。

　HMMの研究は拡大し続けており、多くの新しいアイデアや修正が常に行われています。このような急速な発展の中で、主要な取り組みがいくつかあります。

- 複雑に絡み合ったシステムは、マルコフモデルを使用して簡略化することができる。
- 隠れマルコフモデルは、ほとんどの観測が隠れ状態の測定値であるため、実際のアプリケーションでは特に便利である。
- 前向き経路とビタビアルゴリズムは、HMMで使用される最も一般的なアルゴリズムの1つである。

Part 3

ニューラルネットワークの実例

私たちは今、ニューラルネットワークをビジネスの壇上に引き上げるという大きな動きを目撃しています。深層学習の研究は企業のステータスとなっていますが、その背後にある理論については、煙や鏡の向こうにあるような感じで難読化されています。NVIDIA、Facebook、Amazon、Microsoft などの企業、そして忘れてはいけない Google も、この技術のマーケティングに膨大な金額が投じられています。とにかく、深層学習は複数の問題を解決するため非常にうまく機能するし、TensorFlow を使用すれば実装することができます。

　本書のこの Part の各章では、ニューラルネットワークを基礎から紹介し、実際の実用アプリケーションにこれらのアーキテクチャを適用していきます。自動エンコーダ、強化学習、畳み込みニューラルネットワーク、再帰型 (リカレント) ニューラルネットワーク、シーケンス変換モデル、順位付けに関する章があり順番に説明していきます。最高速で前へ！

7章　自動エンコーダの中身

8章　強化学習

9章　畳み込みニューラルネットワーク

10章　再帰型ニューラルネットワーク

11章　シーケンス変換モデルを用いたチャットボット

12章　効用の特徴と活用

自動エンコーダの中身

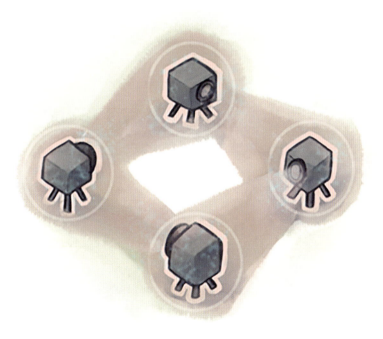

7章　自動エンコーダの中身

> **本章の内容**
> - ニューラルネットワークを知る
> - 自動エンコーダの設計
> - 自動エンコーダを使用した画像の表現

あなたは人の鼻歌を聞いて、何の歌か分かったことがありますか？　あなたにとっては簡単なことかもしれませんが、私は音楽に関しては笑ってしまうほど全くわかりません。鼻歌はそれ自体が曲の近似です。さらに良い近似は歌うことです。楽器をいくつか含めると、カバー曲は元の曲と区別がつかないこともあります。

本章では、曲の代わりに関数を近似します。関数は、入力と出力の関係の一般的な概念です。機械学習では、入力を出力に関連付ける関数を見つけることが一般的です。最適な関数を見つけることは難しいですが、関数を近似する方がはるかに簡単です。

好都合なことに、人工ニューラルネットワークはあらゆる関数を近似できる機械学習のモデルになっています。これまで学んできたように、モデルは入力を与えられれば探している出力を与えてくれる関数です。機械学習においては、与えられた訓練データを使って、正確ではないにしても十分役に立つデータを生成する可能性のある暗黙の関数に最も近いニューラルネットワークモデルを構築したいとします。

これまでは、線形、多項式、さらに複雑なものであっても、関数を明示的に設計することでモデルを生成しました。ニューラルネットワークは、適切な機能、ひいては適切なモデルを選ぶことになると少し余裕ができます。理論的には、ニューラルネットワークは汎用型の変換をモデル化することができ、モデル化されている関数については、ほとんど知る必要はありません。

7.1 節でニューラルネットワークを紹介した後、7.2 節のデータをより小さく、より高速な表現にエンコード（符号化）する自動エンコーダを使用する方法を学びます。

7.1　ニューラルネットワーク

あなたがニューラルネットワークについて聞いたことがあるなら、おそらく複雑な網目状に接続されたノードと辺の図を見たことがあるでしょう。その視覚化は、主に生物学、特に脳内のニューロンから影響を受けています。それはそれとして、図 7.1 に示す $f(x) = w \times x + b$ などの関数を視覚化するのにも便利です。

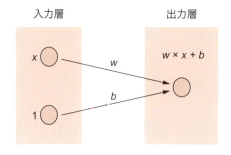

図 7.1 線形方程式 $f(x) = w \times x + b$ のグラフ表示。ノードは円で表され、辺は矢印で表される。辺の値はしばしば重みと呼ばれ、入力の乗算として機能する。2 つの矢印が同じノードにつながる場合は入力の合計になる

注意しておきたいのは、**線形モデル**は線形関数のセットであるということです。例えば、(w, b) をパラメータのベクトルとすると、$f(x) = w \times x + b$ です。学習アルゴリズムは、データに最もよく一致する組み合わせが見つかるまで、w や b の値の周りを漂います。アルゴリズムがうまく収束すれば、データを記述するための最適な線形関数が見つかるでしょう。

線形は初歩としては適していますが、現実の世界はいつもそんなに美しいとは限りません。そこで、TensorFlow の開発の元となった機械学習のタイプに挑戦します。本章では、**人工ニューラルネットワーク**と呼ばれるタイプのモデルについて紹介します。このモデルは (線形モデルだけでなく) 任意の関数を近似することができます。

> **演習 7.1** $f(x) = |x|$ は線形関数ですか？
>
> **解答**
> いいえ。ゼロの部分でつながった 2 つの線形関数ではありますが、一直線ではありません。

非線形性の概念を組み込むには、各ニューロンの出力に**活性化関数**と呼ばれる非線形関数を適用することが効果的です。最も一般的に使用される 3 つの活性化関数は、**シグモイド** (sig)、**双曲線正接** (tan)、**正規化線形関数** (ReLU:Rectifying Linear Unit) と呼ばれる**ランプ**関数のタイプです (図 7.2)。

どのような状況下でどの活性化関数が優れているかについては、あまり心配する必要はありません。それはまだ活発に研究されている途中の課題です。図 7.2 に示す 3 つを気軽に試してみてください。通常は、使用しているデータセットに基づいて交差検証を行い、どれが最良のモデルを与えるかを判断することで、最良のモデルを選択します。第 4 章の混同行列を覚えていますか？ どのモデルが偽陽性や偽陰性を最小限に抑えるか、あるいは必要性に最も適するあらゆる基準をテストします。

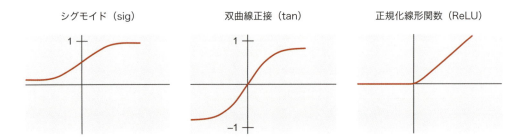

図 7.2　sig、tan、ReLU などの非線形関数を使用して、モデルに非線形性を導入する

シグモイド関数は新しいものではありません。第 4 章で解説したロジスティック回帰分類器は、このシグモイド関数を線形関数 $w \times x + b$ に適用しました。図 7.3 のニューラルネットワークモデルは、関数 $f(x) = \text{sig}(w \times x + b)$ を表しています。これは 1 入力 1 出力のネットワークで、w と b はこのモデルのパラメータです。

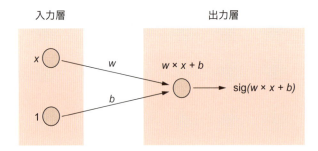

図 7.3　シグモイドなどの非線形関数はノードの出力に適用される

2 つの入力（$x1$ と $x2$）がある場合、ニューラルネットワークを図 7.4 のように変更することができます。訓練データとコスト関数が与えられると、学習されるパラメータは $w1$、$w2$、b です。データをモデル化しようとすると、関数に対して複数の入力を持つのが一般的です。例えば、画像の分類には画像全体（ピクセル単位）を入力とします。

もちろん任意の数の入力（$x1, x2, ..., xn$）に一般化することができます。対応するニューラルネットワークは、図 7.5 に示すように、関数 $f(x1, ..., xn) = \text{sig}(wn \times xn + ... + w1 \times x1 + b)$ を表します。

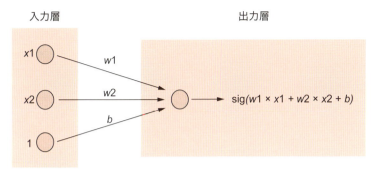

図 7.4　2 入力のネットワークは 3 つのパラメータ (**w1, w2, and b**) を持つことになる。同じノードに通じる複数の矢印は合計を示していることに注意する

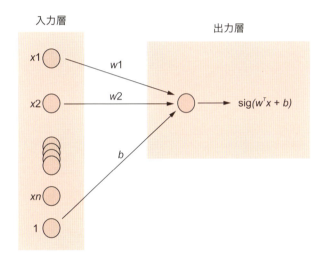

図 7.5　入力次元は任意に長くすることができる。例えばグレースケール画像の各画素は、対応する入力 *xi* を持つことができる。このニューラルネットワークはすべての入力を使用して 1 つの出力値を生成し、これを回帰または分類に使用することができる。*w*[T] という表記は、**n × 1** のベクトルである *w* を **1 × n** ベクトルに変換することを意味する。そうすれば、*x*（次元 **n × 1**）を適切に掛けることができる。このような行列乗算は、ドット積とも呼ばれ、スカラー（1 次元）値を生成する

これまでは入力層と出力層のみを扱ってきました。それら間には、任意のニューロンを自由に追加することができます。入力も出力もされないニューロンは**隠れニューロン**と呼ばれます。それらはニューラルネットワークの入力と出力のインターフェースから隠されているため、その値に直接影響を与えることはできません。**隠れ層**は、図7.6に示すように、互いに接続していない隠れニューロンの集合です。隠れ層を追加することで、ネットワークの表現力が大幅に向上します。

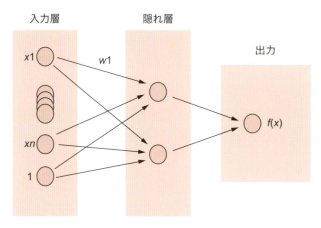

図7.6　入力でも出力でもないノードは**隠れニューロン**と呼ばれる。隠れ層は、互いに接続されていない隠れユニットの集合である

活性化関数が非線形である限り、少なくとも1つの隠れ層を持つニューラルネットワークは任意の関数を近似することができます。線形モデルでは、どのパラメータが学習されても関数は線形のままです。一方、隠れ層を持つ非線形ニューラルネットワークモデルは非常に柔軟で、ほぼすべての関数を表現することができます！　なんてすばらしいのでしょう！

TensorFlowには、ニューラルネットワークのパラメータを効率的に取得するためのヘルパー関数が多数用意されています。本章におけるこれらのツールの呼び出し方法は、自動エンコーダのニューラルネットワークアーキテクチャを使用することから始めて確認していきましょう。

7.2　自動エンコーダ

自動エンコーダはニューラルネットワークの一種で、できるだけ入力に近い出力を行うパラメータを学習しようとします。そのようなことを行う明確な方法は、図7.7に示すように入力を直接返すことです。

しかし自動エンコーダはもっと面白くなっています。小さな隠れ層を含んでいるのです！　隠れ層のサイズが入力よりも小さい場合、隠れ層が**エンコード**と呼ばれるデータの圧縮を行うことになります。

7.2 自動エンコーダ

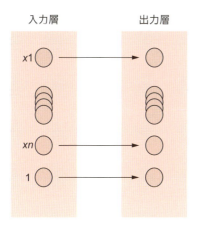

図 7.7　入力が出力と同じであるネットワークを作成する場合は対応するノードを接続し、各パラメータの重みを 1 に設定する

実世界でのデータのエンコード

オーディオフォーマットは何種類かありますが、ファイルサイズが比較的小さいため MP3 が最も人気があります。このような効率的な保存方法にはトレードオフがあると推測しているかもしれません。MP3 ファイルを生成するアルゴリズムは、元の非圧縮オーディオを取り込み、それをあなたの耳にほぼ同じように聞こえるはるかに小さなファイルに縮小します。しかしそれは不可逆であり、エンコードされたバージョンから元の非圧縮オーディオを完全に復元することはできません。同様に、本章ではデータをより実用的にするためにデータの次元を縮小したいと考えますが、必ずしも完全な複製を作成するわけではありません。

隠れ層からの入力を復元するプロセスを**デコード**と呼びます。図 7.8 に、自動エンコーダを極端に誇張して描いた例を示します。

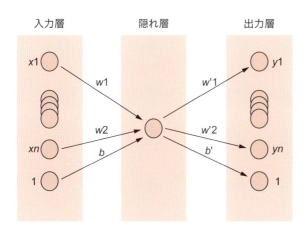

図 7.8　ここでは入力を再構築しようとするネットワークに制約を加える。データは隠れ層で示すように、狭い層を通過する。この例では隠れ層に 1 つのノードしかないため、このネットワークは n 次元の入力信号を 1 次元にエンコード（およびデコード）しようとしているが、実際には難しいだろう

エンコーディングは、入力のサイズを減らすのに最適な方法です。たとえば、100個の隠れノードで256×256の画像を表現できる場合は、各データ項目を数千分の1に減らしたことになります！

> **演習7.2** x を入力ベクトル ($x1, x2, ..., xn$)、y を出力ベクトル ($y1, y2, ..., yn$) とします。また、w と w' をそれぞれエンコーダとデコーダの重みとします。このニューラルネットワークを訓練するために考え得るコスト関数は何ですか？
>
> **解答**
> リスト7.3の損失関数を参照してください。

自動エンコーダを実装するには、オブジェクト指向のプログラミングスタイルを使用することが理にかなっています。そうすれば、密接に結びついたコードのことを心配することなく、他のアプリケーションでもクラスを後から再利用することができます。リスト7.1で概説したようなコードを作成することで、**積層自動エンコーダ**などのより深いアーキテクチャを構築することができます。これは経験的に優れたパフォーマンスを発揮することが知られています。

ヒント 一般に、ニューラルネットワークでは隠れ層を追加すると、十分なデータがあればモデルが過学習を起こさないようにパフォーマンスが向上するようです。

リスト7.1 Pythonクラスの概要

```
class Autoencoder:

    def __init__(self, input_dim, hidden_dim):

    def train(self, data):

    def test(self, data):
```

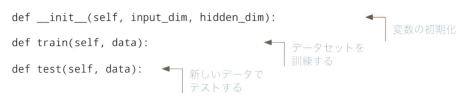

新しいPythonのソースファイルを開き、`autoencoder.py`という名前を付けます。このファイルでは、別のコードから使用する`Autoencoder`クラスを定義します。

コンストラクタはすべてのTensorFlow変数、プレースホルダ、オプティマイザ、演算子を設定します。すぐにセッションを必要としないものはコンストラクタに入れることができます。重みとバイアスの2つのセット（エンコードステップ用とデコードステップ用）を扱っているため、TensorFlowの名前スコープを使用して変数名の曖昧さを排除できます。

たとえば次のリストは、名前スコープ内で変数を定義する例を示しています。これで名前の衝突を心配することなく、この変数をシームレスに保存や復元ができます。

リスト 7.2　名前スコープの使用

```
with tf.name_scope('encode'):
    weights = tf.Variable(tf.random_normal([input_dim, hidden_dim],
                          dtype=tf.float32), name='weights')
    biases = tf.Variable(tf.zeros([hidden_dim]), name='biases')
```

次は以下のリストに示すように、コンストラクタを実装しましょう。

リスト 7.3　Autoencoder クラス

```
import tensorflow as tf
import numpy as np
class Autoencoder:
    def __init__(self, input_dim, hidden_dim, epoch=250,
                 learning_rate=0.001):
        self.epoch = epoch
        self.learning_rate = learning_rate

        x = tf.placeholder(dtype=tf.float32, shape=[None, input_dim])

        with tf.name_scope('encode'):
            weights = tf.Variable(tf.random_normal([input_dim, hidden_dim],
                                  dtype=tf.float32), name='weights')
            biases = tf.Variable(tf.zeros([hidden_dim]), name='biases')
            encoded = tf.nn.tanh(tf.matmul(x, weights) + biases)
        with tf.name_scope('decode'):
            weights = tf.Variable(tf.random_normal([hidden_dim, input_dim],
                                  dtype=tf.float32), name='weights')
            biases = tf.Variable(tf.zeros([input_dim]), name='biases')
            decoded = tf.matmul(encoded, weights) + biases

        self.x = x
        self.encoded = encoded
        self.decoded = decoded

        self.loss = tf.sqrt(tf.reduce_mean(tf.square(tf.subtract(self.x,
                            self.decoded))))
        self.train_op = tf.train.RMSPropOptimizer(self.learning_rate).
                        minimize(self.loss)
        self.saver = tf.train.Saver()
```

入力層のデータセットを定義する

名前スコープ内で重みとバイアスを定義するので、デコーダの重みやバイアスと区別できる

これらはメソッド変数になる

デコーダの重みとバイアスはこの名前スコープ内で定義される

再構築コストを定義する

学習中のモデルパラメータを保存する saver を設定する

オプティマイザの選択

次のリストでは、データセットを受け取り、その損失を最小限に抑えるパラメータを学習する train というクラスメソッドを定義します。

リスト 7.4　自動エンコーダの訓練

```python
def train(self, data):
    num_samples = len(data)
    with tf.Session() as sess:
        sess.run(tf.global_variables_initializer())
        for i in range(self.epoch):
            for j in range(num_samples):
                l, _ = sess.run([self.loss, self.train_op],
                    feed_dict={self.x: [data[j]]})
            if i % 10 == 0:
                print('epoch {0}: loss = {1}'.format(i, l))
                self.saver.save(sess, './model.ckpt')
        self.saver.save(sess, './model.ckpt')
```

注釈:
- 一度に1サンプルがデータ項目上のニューラルネットワークを訓練する
- 再構築コストを定義する
- TensorFlowのセッションを開始し、すべての変数を初期化する
- コンストラクタで定義されたサイクル数だけ反復処理する
- 学習したパラメータをファイルに保存する

任意のデータから自動エンコーダを学習するアルゴリズムを設計するコードは十分できました。このクラスの使用を開始する前に、もう1つメソッドを作成しておきましょう。次のリストに示すように、テストメソッドを使用すると、新しいデータの自動エンコーダを評価できます。

リスト 7.5　データのモデルをテストする

```python
def test(self, data):
    with tf.Session() as sess:
        self.saver.restore(sess, './model.ckpt')
        hidden, reconstructed = sess.run([self.encoded, self.decoded],
                                         feed_dict={self.x: data})
    print('input', data)
    print('compressed', hidden)
    print('reconstructed', reconstructed)
    return reconstructed
```

注釈:
- 学習したパラメータを読み込む
- 入力を再構築する

最後に、次のリストに示すように main.py という新しい Python ソースファイルを作成し、Autoencoder クラスを使用します。

リスト 7.6　Autoencoder クラスの使用

```python
from autoencoder import Autoencoder
from sklearn import datasets
hidden_dim = 1
data = datasets.load_iris().data
input_dim = len(data[0])
ae = Autoencoder(input_dim, hidden_dim)
ae.train(data)
ae.test([[8, 4, 6, 2]])
```

train 関数を実行すると、エポックの損失がどのように減少するかに関するデバッグ情報が出力されます。test 関数は、エンコード処理およびデコード処理に関する情報を表示します。

```
('input', [[8, 4, 6, 2]])
('compressed', array([[ 0.78238308]], dtype=float32))
('reconstructed', array([[ 6.87756062, 2.79838109, 6.25144577, 2.23120356]],
                  dtype=float32))
```

4次元ベクトルを1次元に圧縮した後、それをデコードして4次元ベクトルに戻すと、データをいくらか失うことに注意してください。

7.3 バッチ訓練

一度に1つのサンプルをネットワークで訓練するのは、時間に追われていない場合は最も安全です。しかし、ネットワークの訓練が必要以上に時間がかかる場合は、一度に複数のデータ入力を使用して**バッチ訓練**と呼ばれる方法で訓練する方法もあります。

通常、バッチサイズが増加するとアルゴリズムは高速化されますが、正常に収束する可能性は低くなります。それは両刃の剣です。次のリストに記載されています。後でヘルパー関数を使用します。

リスト 7.7　バッチヘルパー関数
```python
def get_batch(X, size):
    a = np.random.choice(len(X), size, replace=False)
    return X[a]
```

バッチ学習を使用するには、リスト 7.4 の train メソッドを変更する必要があります。バッチの型を次のリストに示します。データの各バッチに追加の内部ループを挿入します。通常、バッチ反復の回数は、すべてのデータが同じエポックでカバーされるように十分なものでなければなりません。

リスト 7.8　バッチ学習
```python
def train(self, data, batch_size=10):
    with tf.Session() as sess:
        sess.run(tf.global_variables_initializer())
        for i in range(self.epoch):           # さまざまなバッチ選択によるループ
            for j in range(500):
                batch_data = get_batch(data, self.batch_size)
                l, _ = sess.run([self.loss, self.train_op],
          feed_dict={self.x: batch_data})     # ランダムに選択されたバッチでオプティマイザを実行
            if i % 10 == 0:
                print('epoch {0}: loss = {1}'.format(i, l))
                self.saver.save(sess, './model.ckpt')
        self.saver.save(sess, './model.ckpt')
```

7.4 画像を用いて作業する

ほとんどのニューラルネットワークは、自動エンコーダのように1次元入力のみを受け入れます。一方、画像のピクセルは行と列の両方でインデックス付けされます。さらにピクセルがカラーの場合、図7.9に示すように赤、緑、青の濃度の値を持ちます。

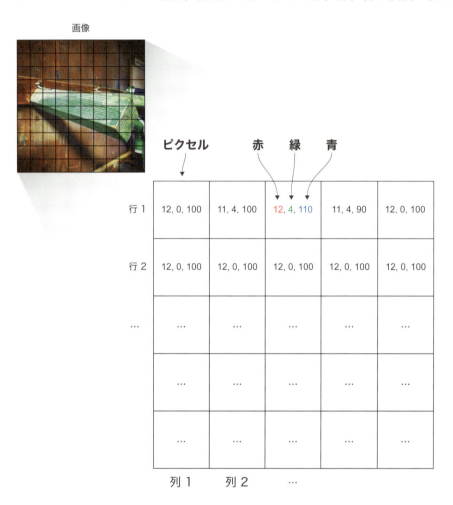

図7.9 カラー画像はピクセルで構成され、各ピクセルは赤、緑、青の値を含む

画像の高次元を管理する便利な方法には、次の2つのステップがあります：

1. 画像をグレースケールに変換する：赤、緑、青の値を**ピクセル値**にマージします。これはカラー値の加重平均です。
2. 画像を行優先で並べ替える：**行優先配列**は、配列を長い1次元配列として格納します。最初の次元の最後に配列のすべての次元を置きます（訳注：1行目の配列の後に2行目の配列を置き、その後に3行目の配列、…のようにして1次元配列にします）。これにより、画像を2つではなく1つの番号でインデックス付けすることができます。画像のサイズが3×3ピクセルの場合は、図7.10のような構造に並べ替えます。

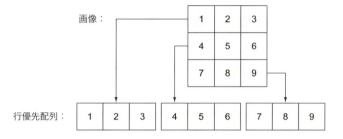

図7.10　画像は行優先の順序で表現できる。そうすることで2次元構造を1次元構造として表現することができる

TensorFlowでさまざまな方法で画像を使用できます。あなたのハードドライブに写真が入っている場合は、TensorFlowに付属のSciPyを使って写真を読み込むことができます。次のリストは、画像をグレースケールでロードし、サイズを変更し、行優先の順序で表す方法を示しています。

リスト7.9　画像のロード

```
from scipy.misc import imread, imresize         画像をグレースケール
                                                 で読み込む
gray_image = imread(filepath, True)
small_gray_image = imresize(gray_image, 1. / 8.)   小さなものに
x = small_gray_image.flatten()                      リサイズ
                        一次元構造に変換する
```

画像処理は研究の盛んな分野であるため、自分で用意した数少ない画像ではなく、さまざまなデータセットをすぐに利用することができます。たとえば、CIFAR-10と呼ばれるデータセットにはサイズ32×32のラベル付き画像が60,000点含まれています。

> **演習 7.3** 他のオンライン画像データセットに名前を付けることはできますか？ オンラインで検索し、もっと調べてみてください！
>
> **解答**
> おそらく深層学習のコミュニティで最も多く使われているのは、ImageNet (www.imagenet.org) です。素晴らしいリストは http://deeplearning.net/datasets で見ることができます。

Pythonのデータセットを www.cs.toronto.edu/~kriz/cifar.html からダウンロードしてください。展開した cifar-10-batches-py フォルダを作業ディレクトリに置きます。以下のリストは、CIFAR-10 ウェブページから提供されています。main_imgs.py という新しいファイルにコードを追加してください。

リスト 7.10　展開された CIFAR-10 データセットからの読み込み

```python
import pickle

def unpickle(file):
    fo = open(file, 'rb')
    dict = pickle.load(fo, encoding='latin1')
    fo.close()
    return dict
```

← CIFAR-10 ファイルを読み込み、読み込まれた辞書を返す

今作成した unpickle 関数を使用して、各データセットファイルを読み込みましょう。CIFA-10 データセットには6つのファイルが含まれ、各ファイルは data_batch_ で始まり、番号が続きます。各ファイルには、画像データと対応するラベルに関する情報が含まれています。次のリストは、すべてのファイルをループしてデータセットをメモリに追加する方法を示しています。

7.4　画像を用いて作業する

リスト 7.11　すべての CIFAR-10 ファイルをメモリに読み込む

```
import numpy as np

names = unpickle('./cifar-10-batches-py/batches.meta')['label_names']
data, labels = [], []
for i in range(1, 6):                                          ← 6つのファイル分
    filename = './cifar-10-batches-py/data_batch_' + str(i)       ループする
    batch_data = unpickle(filename)
    if len(data) > 0:
        data = np.vstack((data, batch_data['data']))           ← データサンプル
        labels = np.hstack((labels, batch_data['labels']))        の行は各サンプ
    else:                                                         ルを表している
        data = batch_data['data']                                 ので垂直方向に
        labels = batch_data['labels']                             積み重ねる
                                                   ラベルは一次元なので
                                                   横に積み重ねる
```

ファイルを読み込み Python の辞書を取得する

　各画像は、一連の赤色画素、緑色画素、青色画素で表されます。リスト 7.12 は、赤、緑、青の値を平均して画像をグレースケールに変換するヘルパー関数を作成します。

> **注意**　他の方法でより現実的なグレースケールを実現できますが、この 3 つの値を平均化するこの方法で終わりにしておきます。人間の知覚は緑色光に対してより敏感であるため、グレースケールの別バージョンでは緑色の値が平均化でより高い重みを持つことがあります。

リスト 7.12　CIFAR-10 の画像をグレースケールに変換する

```
def grayscale(a):
    return a.reshape(a.shape[0], 3, 32, 32).mean(1).reshape(a.shape[0], -1)

data = grayscale(data)
```

　最後に、`horse` などの特定のクラスのすべての画像を集めてみましょう。次のリストに示すように、馬のすべての画像に自動エンコーダを実行します。

リスト 7.13 自動エンコーダを設定する

```
from autoencoder import Autoencoder

x = np.matrix(data)
y = np.array(labels)

horse_indices = np.where(y == 7)[0]

horse_x = x[horse_indices]

print(np.shape(horse_x))  # (5000, 3072)

input_dim = np.shape(horse_x)[1]
hidden_dim = 100
ae = Autoencoder(input_dim, hidden_dim)
ae.train(horse_x)
```

　訓練データセットに似た画像を100個の数字にエンコードできるようになりました。この自動エンコーダモデルは最も簡単なモデルの1つで、明らかに損失の多いエンコーディングになります。注意：このコードの実行には最大10分かかることがあります。出力は、10エポックごとの損失値をトレースします。

```
epoch 0: loss = 99.8635025024
epoch 10: loss = 35.3869667053
epoch 20: loss = 15.9411172867
epoch 30: loss = 7.66391372681
epoch 40: loss = 1.39575612545
epoch 50: loss = 0.00389165547676
epoch 60: loss = 0.00203850422986
epoch 70: loss = 0.00186171964742
epoch 80: loss = 0.00231492402963
epoch 90: loss = 0.00166488380637
epoch 100: loss = 0.00172081717756
epoch 110: loss = 0.0018497039564
epoch 120: loss = 0.00220602494664
epoch 130: loss = 0.00179589167237
epoch 140: loss = 0.00122790911701
epoch 150: loss = 0.0027100709267
epoch 160: loss = 0.00213225837797
epoch 170: loss = 0.00215123943053
epoch 180: loss = 0.00148373935372
epoch 190: loss = 0.00171591725666
```

　出力の完全な例については、本書のWebサイトまたはGitHubリポジトリを参照してください。https://www.manning.com/books/machine-learning-with-tensorflow または http://mng.bz/D0Na。

7.5 自動エンコーダの応用

本章では最も単純なタイプの自動エンコーダを紹介しましたが、利点と応用性を備えた他のバリエーションも研究されています。いくつかを見てみましょう：

- **積層自動エンコーダ**（stacked autoencoder）は、通常の自動エンコーダと同じように起動します。これは、復元誤差を最小限に抑えることによって、より小さな隠れ層への入力をエンコードするように学習します。隠れ層は隠れニューロンの最初の層をさらに小さな層（隠れニューロンの 2 番目の層）にエンコードしようとする新しい自動エンコーダの入力として扱われます。これは必要に応じて継続します。多くの場合、学習されたエンコードの重みは、深層ニューラルネットワークの構造における回帰や分類の問題を解決するための初期値として使用されます。

- **ノイズ除去自動エンコーダ**（denoising autoencoder）は、元の入力の代わりにノイズを加えた入力を受け取り、それを「ノイズ除去」しようとします。コスト関数は復元誤差を最小化するためにはもはや使用されません。ノイズのある画像と元の画像の間の誤差を最小限に抑えようとするのです。画像に傷や跡が残っていても、人間の直感では写真を理解できるはずです。機械もノイズの入った入力から元のデータを復元することができるなら、データをよりよく理解することができます。ノイズ除去モデルによって、画像の顕著な特徴をよりよく捉えることが示されるようになりました。

- **変分自動エンコーダ**（variational autoencoder）は、隠れ変数を直接指定すると新しい自然な画像を生成できます。男性の画像を 100 次元のベクトルとしてエンコードし、次に女性の画像を別の 100 次元のベクトルとしてエンコードするとしましょう。2 つのベクトルの平均をとって、それをデコーダに通して実行し、男性と女性の間の人間を視覚的に表す合理的な画像を生成することができます。変分自動エンコーダの生成力は、**ベイジアンネットワーク（Bayesian networks）** と呼ばれる一種の確率モデルから導かれます。

7.6 まとめ

- ニューラルネットワークは、データセットの記述に線形モデルでは効果がない場合に便利である。
- 自動エンコーダは入力を再現しようとする教師なし学習アルゴリズムであり、そうすることでデータに関する興味深い構造が明らかになる。
- 画像は、平坦化とグレースケール化によって、簡単にニューラルネットワークへの入力にすることができる。

強化学習

本章の内容
- 強化学習の定義
- 強化学習の実装

　人間は過去の経験から学びます（そうでなければ、少なくとも**学ぶべき**です）。あなたは偶然魅力的になったのではありません。肯定的な賛辞と否定的な批判が幾年も繰り返されることで、今日のあなたが形作られているのです。本章では、批判と報酬によって動く機械学習システムの設計について説明します。

　たとえば、友人、家族、あるいは見知らぬ人と交流するなどして人を幸せにすることを学び、うまくいくまでさまざまな筋肉の動きを試して自転車に乗る方法を理解します。行動を起こすと、すぐに報酬を受け取ることがあります。たとえば、すぐ近くのおいしいレストランを見つけると、すぐに満足感を得ることができます。食事をするための特別な場所を見つけるために遠距離を移動するなど、すぐに報酬が得られない場合もあります。図8.1では目的地に到着するために方向を決定する人を表しています。強化学習はこのように何らかの状態を与えられれば、適切な行動を取れるようにします。

　さらに、あなたが自宅から職場まで運転することを考えてみましょう。あなたは常に同じルートを選択します。しかしある日、好奇心が湧き、通勤時間を短縮するために別の道を試してみることに決めました。

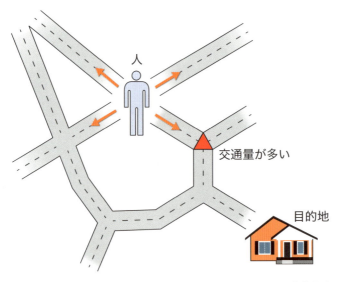

図8.1　交通中や予想外の状況で目的地に到達できるように案内をすることは、強化学習のために設定された問題である

　新しい経路を試すことと、最もよく知られている経路に固執することは、**探索と収穫のジレンマ**の例です。

> **注意** 新しいものを試してみることと古いものにしがみつくことの間のトレードオフは、どうして探索と収穫のジレンマと呼ばれるのでしょうか？ 探索は理にかなっていますが、収穫はあなたが知っていることに固執することによって現状の知識を活用するものと考えることができます。

これらの例はすべて、一般的な定式化のもとで統合することができます。ある状況において、あるアクションを実行すると、報酬を得ることができます。状況のより専門的な用語は**状態 (state)** です。すべての可能な状態の集合を**状態空間**と呼びます。アクションを実行すると、状態が変更されます。しかし問題は、期待される最高の報酬をもたらすのは、どのような一連のアクションなのかということです。

8.1 正式な概念

学習という分野の両端には、教師ありの学習と教師なしの学習がありますが、**強化学習 (RL: Reinforcement Learning)** はその間のどこかに存在します。訓練データは探索と収穫の間で決まるアルゴリズムから来ているため、教師ありの学習ではありません。アルゴリズムは環境からのフィードバックを受け取るため、教師なしの学習でもありません。報酬が得られる状態でアクションを実行する状況になっている限り、強化学習を使用して、期待される報酬を最大にするために取るべき一連のアクションを発見することができます。

強化学習の用語には、アルゴリズムを擬人化して**報酬を受け取る状況でアクション**を取ることが含まれています。このアルゴリズムは、しばしば環境と**共に動作するエージェント**と呼ばれます。強化学習理論の多くがロボット工学に応用されていることは驚くべきことではありません。図 8.2 は、状態、行動、報酬の相互作用を示しています。

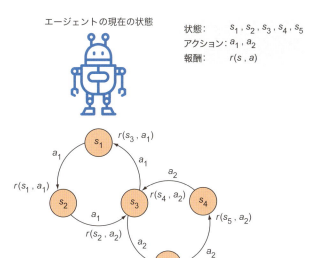

図 8.2 アクションは矢印で表され、状態は円で表される。状態に対してアクションを実行すると報酬が得られる。状態 **s1** から始めると、アクション **a1** を実行して報酬 **r(s1, a1)** を得ることができる

ロボットは状態を変更するためのアクションを実行します。しかし、それはどのような行動を取るかをどのように決めるのでしょうか。次節では、この質問に答えるための**ポリシー**と呼ばれる新しい概念を紹介します。

> **人間は強化学習を使用しているか？**
> 強化学習は、現在の状況に基づいて次のアクションを実行する方法を説明する最善の方法であるように思われます。おそらく人間は生物学的に同じように行動するでしょう。しかし先走らないようにしましょう。次の例を考えてみてください。
> 人間は考えなしに行動することがあります。のどが渇いているなら、自分の渇きを解消するために本能的に水を飲むかもしれません。頭の中で可能なすべての関節運動を繰り返すのでも、徹底的な計算の後で最適なものを選ぶわけでもないのです
> 最も重要なのは、我々が取る行動は、その時々の観察だけでは特徴づけられないということです。そうでなければ、我々はバクテリアより少しも頭が良くないということになります。バクテリアは彼らの環境を与えられて決定論的に行動します。もっと多くのことが起こっているようで、単純な RL モデルは人間の行動を完全に説明していないかもしれません。

8.1.1 ポリシー

自分の部屋の掃除方法は、人それぞれです。ベッドメイキングから始める人もいます。私は部屋を時計回りに、隅を逃さないように掃除する方が好きです。あなたはルンバのようなロボット掃除機を見たことがありますか？ どんな部屋でもきれいにすることができる戦略を、誰かがプログラムしました。強化学習の用語では、エージェントがどのアクションを取るかを決定する方法を**ポリシー**と呼びます。これは、次の状態を決定する一連のアクションです（図 8.3 を参照）。

図 8.3　ポリシーは与えられた状態に対して取るべきアクションを示唆している

強化学習の目標は、良いポリシーを発見することです。ポリシーを作成する一般的な方法は、各状態での行動の長期的な影響を観察することです。**報酬**はアクションを取った結果の尺度です。最良のポリシーは**最適ポリシー**と呼ばれ、強化学習における一番の目標になります。最適ポリシーは、どのような状態でも最適なアクションを示します。しかしその時点で最高の報酬は得られません。

即座の結果を見て報酬を測定するならば —アクション後の物事の状態を測定するならば— それは簡単に計算できます。これは**貪欲法** (greedy strategy) と呼ばれていますが、最高の即時報酬でアクションを「貪欲に」選ぶことは、あまり良い考えではありません。たとえば、部屋を掃除するときには、ベッドメイクされていると部屋がきれいに見えるので、まずベッドメイキングを行うことがあります。しかし、シーツの洗濯という別の目標があるならば、最初にベッドメイクを行うのは全体的には最

良の戦略ではないかもしれません。最適なアプローチを考え出すには、次のいくつかのアクションの結果と最終的な終了状態を調べる必要があります。同様に、チェスでは、相手のクイーンを取ればボード上のポイントを最大化することができます。しかし、そうすることで 5 手後にチェックメイトされてしまうとすれば、それが最良の手とは言えないでしょう。

アクションを任意に選択することもできます。これを**ランダムポリシー**と言います。強化学習の問題を解決するためのポリシーを決定した場合、学習したポリシーがランダムポリシーや貪欲ポリシーよりも優れているかどうかを再確認することをお勧めします。

> **（マルコフ式）強化学習の限界**
>
> ほとんどの RL の定式は、長期的な状態やアクションを考慮するのではなく、現在の状態を知ることから取るべき最良のアクションを理解できると仮定しています。現在の状態に基づく決定を行うこのアプローチはマルコフ式と呼ばれ、一般的なフレームワークは、しばしば**マルコフ決定プロセス**（MDP:Markov decision process）と呼ばれます。
>
> 状態が次に何をするかを十分捉えているような状況は、本章で論じている RL アルゴリズムを用いてモデル化することができます。しかし、実際の状況はほとんどがマルコフ的ではないため、状態やアクションを階層的に表現するなど、より現実的なアプローチが必要です。非常に単純化された意味では、階層モデルは文脈自由文法に似ていますが、MDP は有限状態マシンと似ています。MDP としての問題を階層化したものにモデリングすることで表現力が飛躍的に豊かになり、計画アルゴリズムの有効性が劇的に向上します。

8.1.2 効用

長期的な報酬は**効用**と呼ばれます。ある状態でアクションを実行する効用が分かっている場合は、強化学習を使用してポリシーを学習するのは簡単です。たとえば、実行するアクションを決定するには、最高の効用を生成するアクションを選択します。難しい部分は、ご想像の通り、これらの効用値を発見するところです。

状態 s においてアクション a を実行する効用は、図 8.4 に示す**効用関数**と呼ばれる関数 $Q(s, a)$ として記述されます。

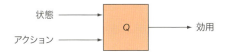

図 8.4 状態とアクションが与えられた場合、効用関数 Q を適用すると、期待報酬と総報酬が予測される：即時報酬（次の状態）+ その後の最適な方針に従った報酬が得られる

演習 8.2 効用関数 $Q(s, a)$ を与えられたとき、それを使ってどのようにしてポリシー関数を導き出すことができますか？

解答
Policy(s) = argmax_a Q(s, a)

特定の状態と行動 (s, a) の効用を計算するためのエレガントな方法は、先のアクションの効用を再帰的に考慮することです。現在のアクションの効用は、次の式に示すように、即時報酬だけでなく次の最良のアクションによっても影響されます。式中の s' は次の状態を示し、a' は次のアクションを示します。状態 s におけるアクション a の報酬は、r(s, a) で表されます。

$$Q(s, a) = r(s, a) + \gamma \max Q(s', a')$$

ここで、γ は選択することができるハイパーパラメータであり、**割引係数**と呼ばれます。γ が 0 の場合、エージェントは即時報酬を最大にするアクションを選択します。γ の値が高いほど、エージェントは長期的な結果を考慮する上で重要になります。「このアクションの価値は、このアクションを実行することによって得られる即時報酬に、割引率とそれ以降に起こり得る最良のアクションの積を加えたもの」と数式を読むことができます。

将来の報酬を先取りすることは、あなたが操作できるハイパーパラメータの 1 つのタイプですが、別のタイプのハイパーパラメータもあります。強化学習のアプリケーションによっては、新たに利用可能な情報が記録の履歴よりも重要であったり、逆の場合もあります。たとえば、ロボットがタスクをすばやく解決するのを習得するように期待されているけれども、必ずしも最適である必要はないと思われる場合は、より速い学習率を設定したくなるでしょう。また、ロボットの探索と収穫に時間をかけても構わない場合は、学習率を調整することもできます。学習率を α として、効用関数を次のように変更してみましょう（α = 1 の場合は前の式と同じになります）。

$$Q(s, a) \leftarrow Q(s, a) + \alpha(r(s, a) + \gamma \max Q(s', a') - Q(s, a))$$

もし Q 関数 Q(s, a) がわかっていれば、強化学習は解決します。ニューラルネットワーク（第 7 章）は、十分な訓練データによって関数を近似する方法です。TensorFlow は、ニューラルネットワークの実装を簡素化するために多くの重要なアルゴリズムが付属しているため、ニューラルネットワークを扱うのに最適なツールです。

8.2 強化学習の適用

強化学習の適用には、ある状態からアクションが取られた後に報酬を引き出す方法を定義する必要があります。株式の売買はトレーダーの状態（現金）を変え、各アクションは報酬（または損失）を生み出すため、株式市場のトレーダーはこれらの要件に容易に適合します。

この状況での状態は、現在の予算、現在の株式数、最近の株価（過去 200 件）の履歴に関する情報を含むベクトルです。各状態は 202 次元のベクトルです。

> **演習 8.2** 株式の売買に強化学習を使用すると、いくつかの不利な点が考えられますか？
>
> **解答**
> 株式の購入や売却など市場での行動を取ることで、市場に影響を及ぼし、訓練データから市場が劇的に変化する可能性があります。

単純にするため、購入、売却、保留の3つのアクションだけにしておきます。

- 現在の株価で株式を購入すると、現在の株数を増やし、予算は減らされる。
- 株式を売却することは、現在の株価でお金を取引することになる。
- 保留は購入も売却もしない。このアクションは一定期間待ち、報酬は得られない。

図 8.5 は、株式市場のデータが与えられた場合のポリシーの一例を示しています。

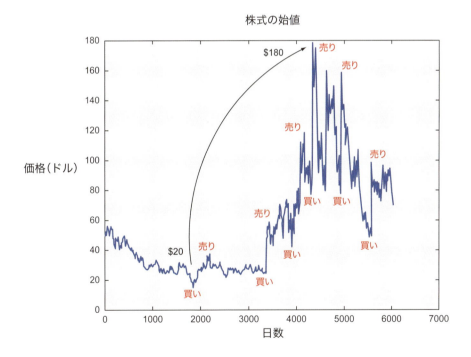

図 8.5 理想的には、アルゴリズムは安く買って高く売るべきである。ここに示すように1回だけ行うと約 160 ドルの報酬が得られる。しかし実際の利益は売買を繰り返すことで得られる。高頻度取引という用語があるが、これは一定期間内に利益を最大化するため、安く買ったものを高く売るということを頻繁に行う取引である

目標は、株式市場での取引から最大純資産を得るためのポリシーを学ぶことです。面白そうですね！　早速やってみましょう！

8.3 強化学習の実装

株価を収集するには、Python で yahoo_finance ライブラリを使用します。pip を使用してインストールするか、公式ガイド (https://pypi.python.org/pypi/yahoo-finance) に従ってください。pip を使用してインストールするコマンドは次のとおりです。

```
$ pip install yahoo-finance
```

これをインストールしたら、すべての関連ライブラリをインポートしましょう。

リスト 8.1　関連ライブラリのインポート

yahoo_finance ライブラリを使用して株価を取得するヘルパー関数を作成します。ライブラリには、株式シンボル、開始日、終了日という 3 つの情報が必要です。3 つの値のそれぞれを選択すると、その日の株価を表す数値のリストが表示されます。

開始日と終了日があまりに離れすぎていると、そのデータを取得するのに時間がかかることがあります。次回ローカルにロードできるようにディスクにデータを保存する（つまりキャッシュする）ことをお勧めします。ライブラリを使用してデータをキャッシュする方法については、次のリストを参照してください。

リスト 8.2　株価を得るヘルパー関数

```python
def get_prices(share_symbol, start_date, end_date,
               cache_filename='stock_prices.npy'):
    try:
        stock_prices = np.load(cache_filename)
    except IOError:
        share = Share(share_symbol)
        stock_hist = share.get_historical(start_date, end_date)
        stock_prices = [stock_price['Open'] for stock_price in stock_hist]
        np.save(cache_filename, stock_prices)

    return stock_prices.astype(float)
```

既に計算されている場合はファイルからデータをロードする

ライブラリから株価を取得する

結果をキャッシュする

生データから関連情報のみを抽出する

大まかなチェックとして、株価データを視覚化することは良い考えです。プロットを作成し、ディスクに保存します。

リスト 8.3　株価をプロットするヘルパー関数

```
def plot_prices(prices):
    plt.title('Opening stock prices')
    plt.xlabel('day')
    plt.ylabel('price ($)')
    plt.plot(prices)
    plt.savefig('prices.png')
    plt.show()
```

次のリストを使用すると、データを取得して視覚化することができます。

リスト 8.4　データを取得して視覚化する

```
if __name__ == '__main__':
    prices = get_prices('MSFT', '1992-07-22', '2016-07-22')
    plot_prices(prices)
```

図 8.6 に、リスト 8.4 を実行して作成したチャートを示します。

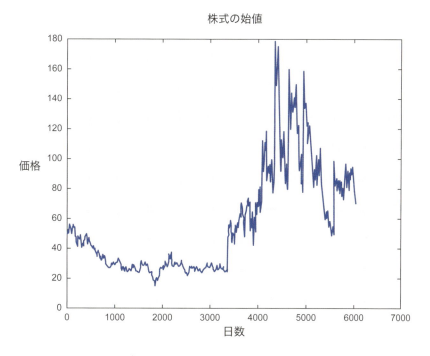

図 8.6　この図は 1992 年 7 月 22 日から 2011 年 7 月 22 日までのマイクロソフト（MSFT）の株価をまとめたものである。3000 日あたりに買って 5000 日ごろに売れば良さそうではないだろうか？我々のコードが最適な利益を得るために購入、売却、保留を学ぶことができるかどうかを見てみよう

ほとんどの強化学習アルゴリズムは、同様の実装パターンに従います。そのため、後で参照する関連メソッド（抽象クラスやインターフェイスなど）を持つクラスを作成することをお勧めします。次のリストと図 8.7 を参照してください。強化学習には、アクションを選択する方法と、効用の Q 関数を改善する方法の 2 つの操作が必要です。

リスト 8.5　すべての意思決定ポリシーのスーパークラスの定義

```python
class DecisionPolicy:
    def select_action(self, current_state):    ◀── 状態が与えられると、
        pass                                       決定ポリシーは次に取
                                                   るべき行動を計算する

    def update_q(self, state, action, reward, next_state):   ◀── 新しいアクション
        pass                                                     の経験からQ関数
                                                                 を改善する
```

推論 (*s*) => *a*

実行 (*s*, *a*) => *r*, *s'*

学習 (*s*, *r*, *a*, *s'*)

図 8.7　ほとんどの強化学習アルゴリズムは、推論、実行、学習という 3 つの主要ステップだけである。最初のステップでは、アルゴリズムは、これまでの知識を使用して、状態 (*s*) が与えられたときに最良のアクション (*a*) を選択する。次に、報酬 (*r*) と次の状態 (*s'*) を見つけるためのアクションを実行する。それから新たに獲得した知識 (*s*, *r*, *a*, *s'*) を使用して、その世界に対する理解を向上させる

次に、このスーパークラスから継承して、意思決定がランダムに行われるポリシー、つまり**ランダム決定ポリシー**と呼ばれるポリシーを実装しましょう。状態を調べることすらせず、ランダムにアクションを選択する `select_action` メソッドだけを定義する必要があります。次のリストは、それを実装する方法を示しています。

リスト 8.6　ランダム決定ポリシーの実装

```python
class RandomDecisionPolicy(DecisionPolicy):       ◀── 関数実装のため DecisionPolicy
    def __init__(self, actions):                      から継承する
        self.actions = actions

    def select_action(self, current_state):       ◀── 次のアクションを
        action = random.choice(self.actions)          ランダムに選ぶ
        return action
```

リスト 8.7 では、ポリシー（例えばリスト 8.6 からのポリシー）が与えられ、それを実際の株価データで実行すると仮定します。この関数は、各時間間隔で探索と収穫を行います。図 8.8 にリスト 8.7 のアルゴリズムを示します。

8.3 強化学習の実装

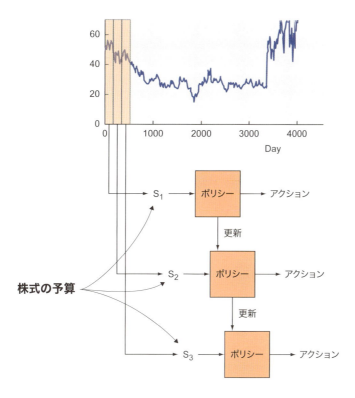

図 8.8 状態 S_1, S_2, S_3 のような区間を作り、各区間で順次株価を走査する。ポリシーは実行するアクションとして、さらに掘り下げるかランダムに探索するかのいずれかを提示する。アクションを実行して報酬を得ると、時間の経過とともにポリシー関数は更新される

リスト 8.7　特定のポリシーを使用して意思決定を行い、結果を返す

```python
def run_simulation(policy, initial_budget, initial_num_stocks, prices, hist):
    budget = initial_budget
    num_stocks = initial_num_stocks
    share_value = 0
    transitions = list()
    for i in range(len(prices) - hist - 1):
        if i % 1000 == 0:
            print('progress {:.2f}%'.format(float(100*i) / (len(prices) -
                hist - 1)))
        current_state = np.asmatrix(np.hstack((prices[i:i+hist], budget,
                                    num_stocks)))
        current_portfolio = budget + num_stocks * share_value
        action = policy.select_action(current_state, i)
        share_value = float(prices[i + hist])
```

ポートフォリオの純資産の計算に依存する価値を初期化する

状態はhist+2次元ベクトル。NumPyの行列でなければならない

ポートフォリオの価値を計算する

現在のポリシーからアクションを選択する

```
            if action == 'Buy' and budget >= share_value:
                budget -= share_value
                num_stocks += 1
            elif action == 'Sell' and num_stocks > 0:
                budget += share_value
                num_stocks -= 1
            else:
                action = 'Hold'
        new_portfolio = budget + num_stocks * share_value
        reward = new_portfolio - current_portfolio
        next_state = np.asmatrix(np.hstack((prices[i+1:i+hist+1], budget,
                                 num_stocks)))
        transitions.append((current_state, action, reward, next_state))
        policy.update_q(current_state, action, reward, next_state)
    portfolio = budget + num_stocks * share_value
    return portfolio
```

- アクションに基づいてポートフォリオの価値を更新する
- アクション後、新しいポートフォリオの価値を計算する
- ある状態でのアクションによって得られる報酬を計算する
- 新たなアクションを経験後にポリシーを更新する
- 最終的なポートフォリオの価値を計算する

より安定した良い測定値を得るには、シミュレーションを数回実行し、結果を平均化しましょう。そうすることで完了までに時間がかかることがあります（5分程度）が、結果はより信頼できるものになります。

リスト 8.8　複数のシミュレーションを実行して平均パフォーマンスを計算する

```
def run_simulations(policy, budget, num_stocks, prices, hist):
    num_tries = 10
    final_portfolios = list()
    for i in range(num_tries):
        final_portfolio = run_simulation(policy, budget, num_stocks, prices,
                                         hist)
        final_portfolios.append(final_portfolio)
        print('Final portfolio: ${}'.format(final_portfolio))
    plt.title('Final Portfolio Value')
    plt.xlabel('Simulation #')
    plt.ylabel('Net worth')
    plt.plot(final_portfolios)
    plt.show()
```

- シミュレーションを行う回数を決める
- この配列に実行毎のポートフォリオの価値を保存する
- このシミュレーションを行う

main関数では、以下の行を追加して意思決定ポリシーを定義し、シミュレーションを実行して、どのようになるかを確認します。

リスト 8.9　意思決定ポリシーの定義

```
if __name__ == '__main__':
    prices = get_prices('MSFT', '1992-07-22', '2016-07-22')
    plot_prices(prices)
    actions = ['Buy', 'Sell', 'Hold']
```

- この配列に実行毎のポートフォリオの価値を保存する

```
    hist = 3
    policy = RandomDecisionPolicy(actions)
    budget = 100000.0
    num_stocks = 0
    run_simulations(policy, budget, num_stocks, prices, hist)
```

使用可能な初期金額
を設定する

ランダム決定ポリシー
を初期化

シミュレーションを複数回実行して
最終純資産の期待値を計算する

元から保有している
株式の数を設定する

結果を比較するための基本ができましたので、ニューラルネットワークのアプローチを実装して Q 関数を学習しましょう。ポリシーの決定方針は、しばしば **Q 学習決定ポリシー**と呼ばれます。リスト 8.10 に、同じアクションを何度も何度も繰り返して適用するときに、局所解に陥り解が変化しなくなるのを防ぐため、新しいハイパーパラメータ epsilon が導入されています。その値が低いほど、新しい行動を無作為に探索する頻度が高くなります。Q 関数は、図 8.9 に示す関数によって定義されます。

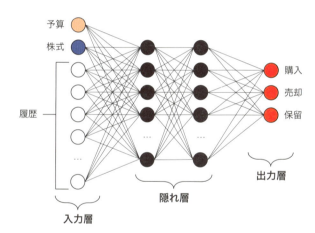

図 8.9 入力は状態空間ベクトルであり、出力は 3 つあり、各出力の Q 値が 1 つずつになっている

演習 8.3 状態空間表現で無視している要因の中で、他に株価に影響を与える可能性のあるものは何ですか？ それをどのようにしてシミュレーションに組み込むことができますか？

解答
株価は、一般的な市場動向、最新ニュース、特定の業界動向など、さまざまな要因に左右されます。これらはそれぞれ、いったん定量化されると、追加の次元としてモデルに適用することができます。

リスト 8.10 では新しいハイパーパラメータ (epsilon: イプシロン) を導入し、何度も同じアクションを適用して学習が進まずに「行き詰ってしまう」ことを防ぎます。

リスト 8.10　より知的な意思決定ポリシーの実装

```python
class QLearningDecisionPolicy(DecisionPolicy):
    def __init__(self, actions, input_dim):
        self.epsilon = 0.95                                     # Q関数からのハイパー
        self.gamma = 0.3                                        # パラメータを設定する
        self.actions = actions
        output_dim = len(actions)                               # ニューラルネットワークの
        h1_dim = 20                                             # 隠れノード数を設定する

        self.x = tf.placeholder(tf.float32, [None, input_dim])  # 入出力テンソルを定義する
        self.y = tf.placeholder(tf.float32, [output_dim])
        W1 = tf.Variable(tf.random_normal([input_dim, h1_dim]))
        b1 = tf.Variable(tf.constant(0.1, shape=[h1_dim]))
        h1 = tf.nn.relu(tf.matmul(self.x, W1) + b1)             # ニューラル
        W2 = tf.Variable(tf.random_normal([h1_dim, output_dim]))# ネットワー
        b2 = tf.Variable(tf.constant(0.1, shape=[output_dim]))  # クの構造を
        self.q = tf.nn.relu(tf.matmul(h1, W2) + b2)             # 設計する

        loss = tf.square(self.y - self.q)                       # 二乗誤差を損失として設定する
        self.train_op = tf.train.AdagradOptimizer(0.01).minimize(loss)
        self.sess = tf.Session()
        self.sess.run(tf.global_variables_initializer())        # セッションの設定と変数の初期化

    def select_action(self, current_state, step):
        threshold = min(self.epsilon, step / 1000.)
        if random.random() < threshold:
            # Exploit best option with probability epsilon
            action_q_vals = self.sess.run(self.q, feed_dict={self.x:
                                          current_state})
            action_idx = np.argmax(action_q_vals)
            action = self.actions[action_idx]
        else:
            # Explore random option with probability 1 - epsilon
            action = self.actions[random.randint(0, len(self.actions) - 1)]
        return action

    def update_q(self, state, action, reward, next_state):
        action_q_vals = self.sess.run(self.q, feed_dict={self.x: state})
        next_action_q_vals = self.sess.run(self.q, feed_dict={self.x:
                                           next_state})
        next_action_idx = np.argmax(next_action_q_vals)
        current_action_idx = self.actions.index(action)
        action_q_vals[0, current_action_idx] = reward + self.gamma * next_action_q_vals[0, next_action_idx]
        action_q_vals = np.squeeze(np.asarray(action_q_vals))
        self.sess.run(self.train_op, feed_dict={self.x: state, self.y:
                                                action_q_vals})
```

注釈:
- 入出力テンソルを定義する
- 効用を計算するための操作を定義する
- 二乗誤差を損失として設定する
- 損失が最小になるように、オプティマイザを使用してモデルパラメータを更新する
- (1 - ε) の確率でランダムな選択を探索する
- モデルパラメータを更新し、Q関数を更新する
- ε の確率で最良の選択肢を利用する

スクリプト全体を実行したときの出力結果を図 8.10 に示します。

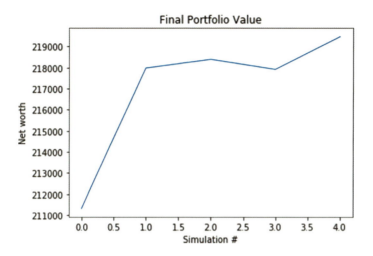

図 8.10　アルゴリズムは、マイクロソフトの株式を売買するための良いポリシーを学習する

8.4 他の強化学習アプリケーションの探求

　強化学習は予想以上に使用されています。教師あり学習や教師なし学習を学ぶと、その存在を忘れてしまいがちです。しかし以下の例のように、Google による RL の利用には目を見張るものがあります。

- **ゲーム** ― 2015 年 2 月、Google は Atari2600 コンソールからアーケードビデオゲームをする方法を学ぶために、Deep RL という強化学習システムを開発しました。ほとんどの RL 解法とは異なり、このアルゴリズムは高次元の入力を持っていました。ビデオゲームの生のフレームごとの画像を知覚していました。そうすれば、再プログラミングや再構成をあまりしなくても、同じアルゴリズムがどのビデオゲームでも動作します。

- **さらにゲーム** ― 2016 年 1 月、Google はボードゲームの囲碁で人間に勝つことができる AI エージェントについての論文を発表しました。このゲームは、(チェス以上の！) 膨大な数の局面を持つため予測不可能であることが知られていますが、RL を使用するこのアルゴリズムはトップの囲碁プレイヤーに打ち勝つことができます。最新バージョンの AlphaGo Zero は 2017 年後半にリリースされ、わずか 40 日間の訓練で、以前のバージョンを 100 試合連続して打ち負かすことができるようになりました。あなたが本書を読んでいる頃には、もっと強くなっていることでしょう。

- **ロボット制御** — 2016 年 3 月、Google は、ロボットが物体をつかむ方法の多くの例を学習する方法を実演しました。Google は、複数のロボットを使用して 80 万回以上掴む動作を行い、任意の物体を掴むためのモデルを開発しました。見事なことに、ロボットはカメラの入力だけで物体をつかむことができました。物体を掴むという単純な概念を学ぶには、十分なパターンが検出されるまで何度もブルートフォース（総当たり）の試みをしていた多くのロボットの知識を集約する必要がありました。ロボットが一般化できるようにするには、明らかに長い道のりではありますが、それでも興味深い一歩と言えます。

注意 強化学習を株式市場に適用した今、学校を中退するか、仕事を辞める時がきました。あなたの作ったシステムで勝負です。本書でよく勉強した、すばらしい読者の皆さんの成果ですね！　…というのは冗談です。実際の株式市場はずっと複雑な獣です。それでも本章で使われる技術は、多くの状況を一般的に扱っています。

8.5　まとめ

- 強化学習は、報酬を発見するためにエージェントが取った行動で変化する状態により構成される問題のための自然なツールである。
- 強化学習アルゴリズムを実装するには、現在の状態から最良のアクションを推論し、アクションを実行し、結果から学習するという 3 つの主要なステップが必要である。
- Q 学習は、効用関数（Q 関数）を近似するアルゴリズムを開発することで強化学習を解決するアプローチである。十分な近似が見つかったら、各状態から取るべき最良の行動を推論することができる。

9 畳み込み
ニューラルネットワーク

本章の内容
- 畳み込みニューラルネットワークの構成を調べる
- 深層学習を用いて自然画像を分類する
- ニューラルネットワークのパフォーマンスを改善する - ヒントとテクニック

疲れた一日の後で食料品の買い物をするのは、なかなか苦労します。あまりにも多くの情報が私の目に飛び込んできます。積極的に注意を払うかどうかにかかわらず、商品、クーポン、色、幼児、点滅灯、混雑した通路は、私の視覚野に転送されるすべての信号のほんの一例に過ぎません。視覚系は非常に多くの情報を吸収するのです。

「1枚の絵画には1000の言葉の価値がある」という言葉を聞いたことがありますか？ それはあなたや私にとっては真実かもしれませんが、機械は画像内でも意味を見つけることができるでしょうか？ 網膜の光受容細胞は光の波長を拾いますが、その情報は私たちの意識にまで伝播していないようです。結局のところ、感じ取る光の波長を正確に言葉で表すことはできないのです。同様に、カメラはピクセルを感じ取りますが、物体の名前や場所などの、より高レベルの知識を見つけ出したいのです。ピクセルから人間レベルの知覚には、どのようにして到達できるのでしょうか？

機械学習で生の感覚入力から知的な意味を実現するには、ニューラルネットワークモデルを設計します。前章では、完全に接続されたモデル（第8章）と自動エンコーダ（第7章）など、いくつかのタイプのニューラルネットワークモデルを見てきました。本章では、**畳み込みニューラルネットワーク**（CNN）と呼ばれる別のタイプのモデルを紹介します。このモデルは、画像やオーディオなどの他の感覚データに非常に優れたパフォーマンスを発揮します。例えば、CNNモデルは画像内にどのオブジェクトが表示されているかを確実に分類することができます。

本章で実装するCNNモデルでは、10個の候補カテゴリの1つにイメージを分類する方法を学習します。実質的には、10の可能性の中から「1枚の絵画には1つの言葉の価値がある」を見つけるだけでしかありません。人間レベルの認識には程遠いですが、こうして小さな一歩を踏み出すことが肝心です。

9.1 ニューラルネットワークの欠点

機械学習では、データを上手く表現するモデルを設計するために延々と試行錯誤しますが、柔軟にしようとして過学習やパターンの記憶を起こすこともあります。表現力を向上させる方法として、ニューラルネットワークが提案されていますが、ご想像の通り、これらもしばしば過学習の落とし穴に苦しんでいます。

注意 過学習は、学習したモデルが訓練データセットで非常に優れたパフォーマンスを発揮し、テストデータセットで性能が低下する傾向がある場合に発生します。利用可能なデータが少ないほどモデルの柔軟性が高くなりすぎて、多少なりとも訓練データを記憶してしまいます。

2つの機械学習モデルの柔軟性を比較するのに手軽な方法は、学習するパラメータの数を数えることです。図9.1に示すように、256×256の画像を取り込み、それを10個のニューロン層にマッピングする完全に接続されたニューラルネットワークは、256×256×10 = 655,360ものパラメータを持つことになってしまいます！ 5つ程度のパラメータしかないモデルと比較してください。完全に接続されたニューラルネットワークは、5つのパラメータを持つモデルよりも複雑なデータを表す可能性が高そうです。

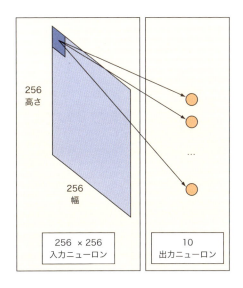

図9.1 完全に接続されたネットワークでは、イメージの各ピクセルが入力として扱われる。256×256のグレースケール画像では、256×256ものニューロンである！ 各ニューロンを10個の出力に接続すると、256×256×10 = 655,360の重みが得られる

次節では、畳み込みニューラルネットワークを紹介します。これはパラメータの数を減らす賢い方法です。CNNアプローチは、完全に接続されたネットワークを扱うのではなく、同じパラメータを複数回再利用します。

9.2 畳み込みニューラルネットワーク

畳み込みニューラルネットワークの背後にある大きな考え方は、画像の局所的理解が十分であるということです。実際のメリットは、パラメータを少なくすると学習に要する時間が大幅に短縮され、モデルの訓練に必要なデータ量が削減されることです。

各ピクセルからの重みが完全に接続されたネットワークの代わりに、CNNは画像の小さな区画を見るのに十分な重みを持っています。それは虫眼鏡を使って本を読むよ

うなものです。最終的にはページ全体を読むことになりますが、常にページの小さな区画だけを見ています。

　256×256 の画像を考えてみましょう。一度に画像全体を処理する TensorFlow コードではなく、区画毎（たとえば 5×5 の区画）で効率的にスキャンできます。図 9.2 に示すように、5×5 の区画が画像に沿ってスライドします（通常、左から右、上から下）。どのように「すばやく」スライドするかは、**ストライド長**と呼ばれます。たとえば、ストライド長が 2 の場合、5×5 のスライド区画が画像全体に渡るまで一度に 2 ピクセルずつ移動することを意味します。TensorFlow では、すぐにわかるように、組み込みのライブラリ関数を使用して、ストライドの長さと区画のサイズを簡単に調整できます。

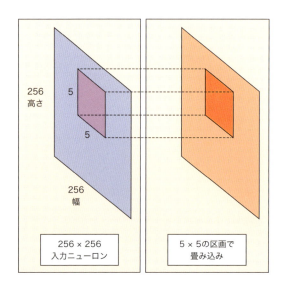

図 9.2　図の左側の画像を 5×5 の区画で畳み込む（スライドしながら重ね合わせる）と、右側に示す別の画像が生成される。この場合、生成される画像は元の画像と同じサイズになる。原画像を畳み込み画像に変換するには、5×5 = 25 個のパラメータしか必要としない！

　この 5×5 の区画は、関連する 5×5 行列の重みを持ちます。

　定義　**畳み込み（convolution）**は、区画（局所的な領域）が画像全体をスライドするときの、画像のピクセル値の加重和です。畳み込みを行うと、重み行列を持つ画像全体を通して（慣例的には同サイズの）別の画像を生成します。**畳み込む（convolving）**は、畳み込みの計算を行う過程を表します。

　スライドする区画を重ね合わせる処理は、ニューラルネットワークの畳み込み層で発生します。典型的な CNN には複数の畳み込み層があります。各畳み込み層は、通常、多数の交互の畳み込みを生成するので、重み行列は、n を畳み込みの数とすると、5×5×n のテンソルになります。

　一例として、画像が 5×5×64 の重み行列上の畳み込み層を通過すると仮定します。こ

れは、5×5 の区画をスライドさせることによって 64 個の畳み込みを生成します。したがって、このモデルは 5×5×64（= 1,600）のパラメータを持ち、完全に接続されたネットワークである 256×256（= 65,536）よりも大幅に少ないパラメータになります。

CNN の美しさは、パラメータの数が元の画像のサイズとは無関係であるということです。300×300 の画像でも同じ CNN を実行することができ、畳み込み層でパラメータの数は変わりません！

9.3 画像の準備

TensorFlow で CNN を実装するために、まずはいくつかの画像を手に入れましょう。本節のコードリストは、本章の残りの部分で訓練データセットを設定するのに役立ちます。

まず、www.cs.toronto.edu/~kriz/cifar-10python.tar.gz から CIFAR-10 データセットをダウンロードします。このデータセットには 60,000 個の画像が含まれ、10 個のカテゴリに均等に分割されているため、分類作業のための大きなリソースになります。作業ディレクトリにそのファイルを展開してください。図 9.3 に、データセットの画像の例を示します。

図 9.3 CIFAR-10 データセットの画像。32×32 サイズなので少し見難いが、基本的にはいくつかの物体を認識することができる

自動エンコーダについての章で CIFAR-10 データセットを使用していましたので、そのコードを再利用しましょう。次のリストは、www.cs.toronto.edu/~kriz/cifar.html に

ある CIFAR-10 のマニュアルから直接得られます。コードを cifar_tools.py というファイル名で保存しておきます。

リスト 9.1　Python で CIFAR-10 ファイルから画像を読み込む

```
import pickle

def unpickle(file):
    fo = open(file, 'rb')
    dict = pickle.load(fo, encoding='latin1')
    fo.close()
    return dict
```

ニューラルネットワークは過学習の傾向があるため、誤差を最小限に抑えるためにできるだけ多くのことを行う必要があります。ですので、データを処理する前に必ずデータのクリーニングを忘れないでください。

データのクリーニングは、機械学習パイプラインの中核プロセスです。リスト 9.2 は、画像のデータセットをクリーニングする次の 3 つの手順を実装しています。

1. 画像がカラーの場合は、入力データの次元数を下げるためにグレースケールに変換し、結果的にパラメータの数を減らすようにする。
2. 画像の端の部分には有用な情報がない可能性があるため、画像の中央部分を切り抜くことを考える。
3. 平均値を減算し、各データサンプルの標準偏差で除算して入力を正規化し、逆伝搬中の勾配があまり変化しないようにする。

次のリストは、これらの手法を使用して画像のデータセットをクリーニングする方法を示しています。

リスト 9.2　データのクリーニング

```
import numpy as np

def clean(data):
    imgs = data.reshape(data.shape[0], 3, 32, 32)
    grayscale_imgs = imgs.mean(1)
    cropped_imgs = grayscale_imgs[:, 4:28, 4:28]
    img_data = cropped_imgs.reshape(data.shape[0], -1)
    img_size = np.shape(img_data)[1]
    means = np.mean(img_data, axis=1)
    meansT = means.reshape(len(means), 1)
    stds = np.std(img_data, axis=1)
    stdsT = stds.reshape(len(stds), 1)
    adj_stds = np.maximum(stdsT, 1.0 / np.sqrt(img_size))
    normalized = (img_data - meansT) / adj_stds
    return normalized
```

- 3 チャネルを持つ 32×32 の行列にデータを再構成
- 色の濃さを平均化して画像をグレースケール化する
- 32×32 の画像を 24×24 の画像に切り取る
- 平均を減算し標準偏差で除算することでピクセルの値を正規化する

CIFAR-10 のすべての画像をメモリに集めて、それらの画像上でクリーニング関数を実行します。次のリストは、TensorFlow で使用するためのデータの読み取り、クリーニング、構造化の便利なメソッドを設定します。これも cifar_tools.py に含めてください。

リスト 9.3　すべての CIFAR-10 ファイルの前処理

```
def read_data(directory):
    names = unpickle('{}/batches.meta'.format(directory))['label_names']
    print('names', names)

    data, labels = [], []
    for i in range(1, 6):
        filename = '{}/data_batch_{}'.format(directory, i)
        batch_data = unpickle(filename)
        if len(data) > 0:
            data = np.vstack((data, batch_data['data']))
            labels = np.hstack((labels, batch_data['labels']))
        else:
            data = batch_data['data']
            labels = batch_data['labels']

    print(np.shape(data), np.shape(labels))

    data = clean(data)
    data = data.astype(np.float32)
    return names, data, labels
```

using_cifar.py という別のファイルでは、cifar_tools をインポートしてこのメソッドを使用できるようになりました。リスト 9.4 と 9.5 は、データセットからいくつかの画像をサンプリングして視覚化する方法を示しています。

リスト 9.4　cifar_tools ヘルパー関数の使用

```
import cifar_tools

names, data, labels = \
    cifar_tools.read_data('your/location/to/cifar-10-batches-py')
```

ランダムにいくつかの画像を選択し、対応するラベルに沿って描くことができます。次のリストはそれを正確に示しているので、扱うデータの種類をよりよく理解することができます。

> **リスト 9.5　データセットからの画像の視覚化**

```
import numpy as np
import matplotlib.pyplot as plt
import random
def show_some_examples(names, data, labels):
    plt.figure()
    rows, cols = 4, 4
    random_idxs = random.sample(range(len(data)), rows * cols)
    for i in range(rows * cols):
        plt.subplot(rows, cols, i + 1)
        j = random_idxs[i]
        plt.title(names[labels[j]])
        img = np.reshape(data[j, :], (24, 24))
        plt.imshow(img, cmap='Greys_r')
        plt.axis('off')
    plt.tight_layout()
    plt.savefig('cifar_examples.png')

show_some_examples(names, data, labels)
```

（データセットからランダムに画像を選択して表示する）

（これを必要な行数と列数に変更する）

このコードを実行すると、図 9.3（173 ページ）のような cifar_examples.png というファイルが生成されます。

9.3.1　フィルタの生成

　本節では、フィルタとも呼ばれるランダムな 5×5 の区画を使用して画像を畳み込んでいきます。これは畳み込みニューラルネットワークの重要なステップですので、データの変換方法を慎重に検討します。画像処理の CNN モデルを理解するには、画像フィルタが画像を変換する方法を観察するのが賢明です。フィルタは、境界線や形などの有用な画像の特徴を抽出する方法です。これらの特徴で機械学習モデルを訓練することができます。

　覚えておいてください：特徴ベクトルは、データポイントの表現方法を示します。画像にフィルタを適用すると、変換された画像の対応する点が特徴になります。特徴というのは「このフィルタをこの時点で適用すると、この新しい値になります」ということです。画像に使用するフィルタが増えるほど、特徴ベクトルの次元が大きくなります。

　conv_visuals.py という名前の新しいファイルを開きます。32 個のフィルタをランダムに初期化しましょう。これを行うには、サイズ 5×5×1×32 の変数 W を定義します。最初の 2 つの次元は、フィルタサイズに対応します。最後の次元は 32 の畳み込みに対応します。**conv2d** 関数は複数の入力チャネルがある画像を畳み込むことができるため、変数のサイズが 1 の次元は入力に対応します（この例ではグレースケールの画像だけを扱うので、入力チャネルの数は 1 です）。次のリストは、図 9.4 に示すフィルタを生成するコードです。

9.3 画像の準備

リスト 9.6　ランダムフィルタの生成と視覚化

```
W = tf.Variable(tf.random_normal([5, 5, 1, 32]))

def show_weights(W, filename=None):
    plt.figure()
    rows, cols = 4, 8
    for i in range(np.shape(W)[3]):
        img = W[:, :, 0, i]
        plt.subplot(rows, cols, i + 1)
        plt.imshow(img, cmap='Greys_r', interpolation='none')
        plt.axis('off')
    if filename:
        plt.savefig(filename)
    else:
        plt.show()
```

← ランダムフィルタを表すテンソルを定義する

← 図 9.4 の 32 個の画像を表示するのに十分な行と列を定義する

各フィルタ行列を視覚化する

図 9.4　これらはランダムに初期化された 32 個の行列であり、サイズはそれぞれ 5×5 である。これらは入力画像を畳み込むのに使用するフィルタを表す

演習 9.1　リスト 9.6 を変更して、サイズ 3×3 の 64 個のフィルタを生成してください。

解答
```
W = tf.Variable(tf.random_normal([3, 3, 1, 64]))
```

次のリストに示すようにセッションを使用し、`global_variables_initializer` を使用していくつかの重みを初期化します。図 9.4 に示すように、`show_weights` 関数を呼び出してランダムフィルタを視覚化します。

リスト 9.7　セッションを使って重みを初期化する

```
with tf.Session() as sess:
    sess.run(tf.global_variables_initializer())

    W_val = sess.run(W)
    show_weights(W_val, 'step0_weights.png')
```

9.3.2　フィルタを使用して畳み込む

　前節では、使用するフィルタを用意しました。本節では、ランダムに生成されたフィルタに対して TensorFlow の畳み込み関数を使用します。以下のリストは、畳み込み出力を視覚化するためのコードを設定します。show_weights を使用したものと同様に、後で使用します。

リスト 9.8　畳み込み結果の表示

```
def show_conv_results(data, filename=None):
    plt.figure()
    rows, cols = 4, 8                              ← 今回はテンソルの形が
    for i in range(np.shape(data)[3]):               リスト 9.6 と異なる
        img = data[0, :, :, i]
        plt.subplot(rows, cols, i + 1)
        plt.imshow(img, cmap='Greys_r', interpolation='none')
        plt.axis('off')
    if filename:
        plt.savefig(filename)
    else:
        plt.show()
```

　図 9.5 に示すような入力画像の例があるとしましょう。5×5 のフィルタを使用して 24×24 の画像を畳み込むと、多くの畳み込み画像が生成されます。

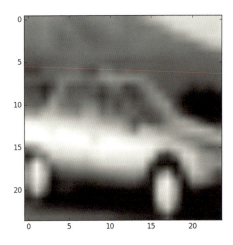

図 9.5　CIFAR-10 データセットからの 24×24 画像の例

9.3 画像の準備

これらの畳み込みはすべて、同じ画像を見る独特の視点です。これらの異なる視点は、画像内に存在する物体を理解するために一体となって働きます。次のリストは、これを行う方法を段階的に示しています。

リスト 9.9　畳み込みの視覚化

```
raw_data = data[4, :]
raw_img = np.reshape(raw_data, (24, 24))      ← CIFAR データセット
plt.figure()                                     から画像を取得し、
plt.imshow(raw_img, cmap='Greys_r')              視覚化する
plt.savefig('input_image.png')
                                              ← 24×24 の画像の
x = tf.reshape(raw_data, shape=[-1, 24, 24, 1])  入力テンソルを
                                                 定義する
b = tf.Variable(tf.random_normal([32]))
conv = tf.nn.conv2d(x, W, strides=[1, 1, 1, 1], padding='SAME')  ← フィルタとそ
conv_with_b = tf.nn.bias_add(conv, b)                              れに関連する
conv_out = tf.nn.relu(conv_with_b)                                 パラメータを
                                                                   定義する
with tf.Session() as sess:
    sess.run(tf.global_variables_initializer())

    conv_val = sess.run(conv)                           ← 選択した画像に
    show_conv_results(conv_val, 'step1_convs.png')        ついて畳み込み
    print(np.shape(conv_val))                             を実行する

conv_out_val = sess.run(conv_out)
    show_conv_results(conv_out_val, 'step2_conv_outs.png')
    print(np.shape(conv_out_val))
```

最後に TensorFlow で conv2d 関数を実行すると、図 9.6 のように 32 個の画像が得られます。画像を畳み込むという考えは、32 個の畳み込みのそれぞれが画像について異なる特徴を取り込むということです。

バイアス項と relu のような活性化関数 (例としてリスト 9.12 を参照) が追加されると、ネットワークの畳み込み層は非線形に振る舞い、その表現力が向上します。図 9.7 に、32 個の畳み込み出力のそれぞれが何を表すかを示します。

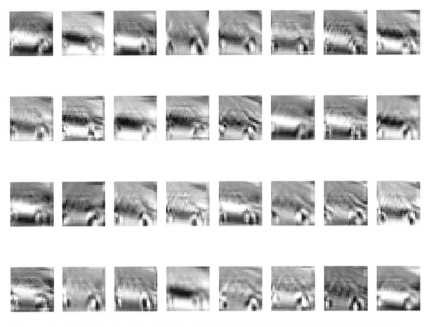

図 9.6　車の画像においてランダムフィルタを畳み込むことで得られる結果の画像

図 9.7　バイアス項と活性化関数を追加すると、畳み込みは画像内のパターンをより強力に捉えることができる

9.3.3 最大プール (Max pooling)

　畳み込み層が有用な特徴を抽出した後、畳み込まれた出力のサイズを縮小するのは、通常は良い考えです。畳み込まれた出力をサイズ変更したり間引いたりすることでパラメータの数を減らし、データの過学習を防ぐのに役立ちます。

　これは**最大プール**と呼ばれる手法の背景にある主な考え方で、画像を小さな区画単位で走査して最大値を持つピクセルを選択します。移動幅に応じて、結果の画像は元の画像のサイズより小さくなります。これはデータの次元性を低下させ、結果としてその先のステップでパラメータの数を減らすことにつながります。

> **演習 9.2**　たとえば、32×32 の画像に最大プールを適用したいとします。局所区画のサイズが 2×2 で、移動幅が 2 の場合、結果として得られる最大プール画像はどのくらいの大きさになりますか？
>
> **解答**
> 2×2 の局所区画は、32×32 の画像に渡って各方向に 16 回移動する必要があるため、画像は 16×16 の半分に縮小されます。それぞれの次元で半分に縮小するので、画像は元画像のサイズの 1/4 (½×½) になります。

　`Session` のコンテキスト内に次のリストを配置します。

リスト 9.10　畳み込み画像をさらにサンプリングする `maxpool` 関数の実行

```
k = 2
maxpool = tf.nn.max_pool(conv_out,
                         ksize=[1, k, k, 1],
                         strides=[1, k, k, 1],
                         padding='SAME')

with tf.Session() as sess:
    maxpool_val = sess.run(maxpool)
    show_conv_results(maxpool_val, 'step3_maxpool.png')
    print(np.shape(maxpool_val))
```

　このコードを実行すると図 9.8 に示すように、最大プール関数は画像サイズを半分にし、低解像度の畳み込み出力を生成します。これで完全畳み込みニューラルネットワークを実装するために必要なツールができました。次節では、最終的に画像分類器の訓練を行います。

図 9.8　maxpool を実行した後、畳み込まれた出力はサイズが半分になり、それほど多くの情報を失うことなくアルゴリズムを計算上高速にする

9.4　TensorFlow における畳み込みニューラルネットワークの実装

　畳み込みニューラルネットワークには畳み込みと最大プールの層があります。畳み込み層は画像に異なる視点を提供し、最大プール層はあまりに情報を失うことなく次元数を減らすことによって計算を単純化します。

　64 の畳み込みを行う 5×5 のフィルタによって畳み込まれたフルサイズで 256×256 の画像を考えてみましょう。図 9.9 に示すように、各畳み込みは最大プールを使用してサイズが 128×128 の 64 個のより小さな畳み込み画像を生成することによって、さらに特徴抽出されます。

　フィルタを作成して畳み込みを行う方法がわかりましたので、新しいソースファイルを作成しましょう。すべての変数を定義することから始めます。リスト 9.11 で、すべてのライブラリをインポートし、データセットをロードし、最後にすべての変数を定義します。

9.4 TensorFlow における畳み込みニューラルネットワークの実装

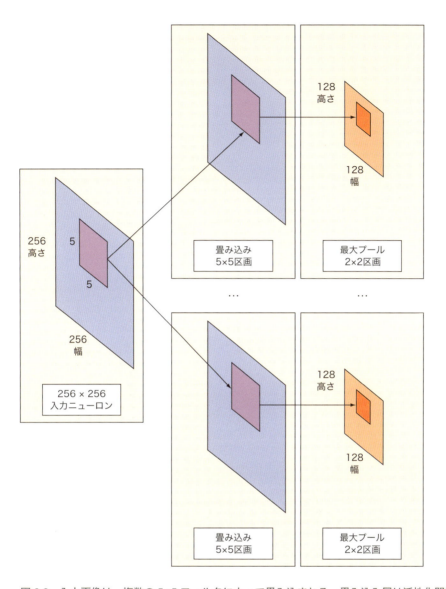

図 9.9 入力画像は、複数の 5×5 フィルタによって畳み込まれる。畳み込み層は活性化関数と追加のバイアス項を含み、5×5 + 5 = 30 のパラメータになる。次に、最大プール層がデータの次元性を低下させる（余分なパラメータを必要としない）

リスト 9.11　CNN の重みを設定する

```
import numpy as np
import matplotlib.pyplot as plt
import cifar_tools
import tensorflow as tf

names, data, labels = \
    cifar_tools.read_data('/home/binroot/res/cifar-10-batches-py')    ◀── データセットを読み込む

x = tf.placeholder(tf.float32, [None, 24 * 24])                         入出力プレースホルダ
y = tf.placeholder(tf.float32, [None, len(names)])                      の定義

W1 = tf.Variable(tf.random_normal([5, 5, 1, 64]))                       5×5 の区画サイズで 64 回
b1 = tf.Variable(tf.random_normal([64]))                                畳み込みを適用する

W2 = tf.Variable(tf.random_normal([5, 5, 64, 64]))                      さらに 5×5 の区画サイズで
b2 = tf.Variable(tf.random_normal([64]))                                64 回畳み込みを適用する

W3 = tf.Variable(tf.random_normal([6*6*64, 1024]))                      完全に接続された
b3 = tf.Variable(tf.random_normal([1024]))                              層を導入

W_out = tf.Variable(tf.random_normal([1024, len(names)]))               完全に連結された
b_out = tf.Variable(tf.random_normal([len(names)]))                     線形層の変数を定
                                                                        義する
```

　次のリストでは畳み込みを実行し、バイアス項を追加してから活性化関数を追加するヘルパー関数を定義します。これらの 3 ステップでネットワークの畳み込み層を形成します。

リスト 9.12　畳み込み層の作成

```
def conv_layer(x, W, b):
    conv = tf.nn.conv2d(x, W, strides=[1, 1, 1, 1], padding='SAME')
    conv_with_b = tf.nn.bias_add(conv, b)
    conv_out = tf.nn.relu(conv_with_b)
    return conv_out
```

　次のリストは、区画サイズと移動幅を指定して最大プール層を定義する方法を示しています。

リスト 9.13　最大プール層の作成

```
def maxpool_layer(conv, k=2):
    return tf.nn.max_pool(conv, ksize=[1, k, k, 1], strides=[1, k, k, 1],
                          padding='SAME')
```

　畳み込みニューラルネットワークの構造を定義して、畳み込み層と最大プール層を積み重ねることができます。次のリストで CNN モデルを定義しています。最後の層は通常、10 個の出力ニューロンすべてに完全に接続されたネットワークです。

9.4 TensorFlow における畳み込みニューラルネットワークの実装

リスト 9.14　完全な CNN モデル

```
def model():
    x_reshaped = tf.reshape(x, shape=[-1, 24, 24, 1])

    conv_out1 = conv_layer(x_reshaped, W1, b1)
    maxpool_out1 = maxpool_layer(conv_out1)
    norm1 = tf.nn.lrn(maxpool_out1, 4, bias=1.0, alpha=0.001 / 9.0,
                       beta=0.75)

    conv_out2 = conv_layer(norm1, W2, b2)
    norm2 = tf.nn.lrn(conv_out2, 4, bias=1.0, alpha=0.001 / 9.0, beta=0.75)
    maxpool_out2 = maxpool_layer(norm2)

    maxpool_reshaped = tf.reshape(maxpool_out2, [-1,
                                    W3.get_shape().as_list()[0]])
    local = tf.add(tf.matmul(maxpool_reshaped, W3), b3)
    local_out = tf.nn.relu(local)

    out = tf.add(tf.matmul(local_out, W_out), b_out)
    return out
```

畳み込みと最大プールの最初の層を構築する

2つ目の層を構築する

完全に接続された層を構築する

9.4.1　パフォーマンスの測定

　ニューラルネットワークの構造が設定されたら、次のステップは最小化したいコスト関数を定義することです。TensorFlow の softmax_cross_entropy_with_logits 関数を使用します。これは公式ドキュメント（http://mng.bz/8mEk）で最もよく説明されています。

　　softmax_cross_entropy_with_logits 関数：クラスが互いに排他的である離散分類タスク（各エントリは厳密に 1 つのクラスにある）における確率誤差を測定する。たとえば、各 CIFAR-10 の画像には 1 つのラベルしか付けられない。画像は犬やトラックとラベル付けできるが、両方はできない。

　画像は 1 から 10 のラベルのうちの 1 つに属するため、その選択肢を 10 次元のベクトルとして表現します。このベクトルのすべての要素は値 0 を持ちますが、ラベルに対応する要素の値は 1 になります。前章で見たように、この表現は**ワンホットエンコーディング**と呼ばれます。

　リスト 9.15 に示すように、第 4 章で述べた交差エントロピー損失関数を使ってコストを計算します。これは分類の確率誤差を返します。これは、クラスが相互排他的である単純な分類（例えば、トラックは犬でない）の場合にのみ機能することに注意してください。多くの種類のオプティマイザを使用できますが、この例では、単純で高速なオプティマイザである AdamOptimizer を使用します（詳細は http://mng.bz/zW98 で説明されています）。実際のアプリケーションで議論する価値はあるかもしれませんが、これはすぐに使えてうまく機能します。

リスト 9.15　コストと精度を測定するための操作の定義

```
model_op = model()

cost = tf.reduce_mean(
    tf.nn.softmax_cross_entropy_with_logits(logits=model_op, labels=y)
)

train_op = tf.train.AdamOptimizer(learning_rate=0.001).minimize(cost)

correct_pred = tf.equal(tf.argmax(model_op, 1), tf.argmax(y, 1))
accuracy = tf.reduce_mean(tf.cast(correct_pred, tf.float32))
```

分類損失関数を定義する

損失関数を最小化するための訓練操作を定義する

　最後に次節でニューラルネットワークのコストを最小限に抑えるための訓練を行います。データセット全体に複数回これを実行すると、最適な重み（またはパラメータ）が学習されます。

9.4.2　分類器の訓練

　次のリストでは、画像のデータセットを小さな単位でループしてニューラルネットワークを訓練します。時間の経過とともに、訓練画像を正確に予測できるように重みが徐々に局所最適値へ収束します。

リスト 9.16　CIFAR-10 データセットを使用したニューラルネットワークの訓練

```
with tf.Session() as sess:
    sess.run(tf.global_variables_initializer())
    onehot_labels = tf.one_hot(labels, len(names), on_value=1., off_value=0.,
                               axis=-1)
    onehot_vals = sess.run(onehot_labels)
    batch_size = len(data) // 200
    print('batch size', batch_size)
    for j in range(0, 1000):
        print('EPOCH', j)
        for i in range(0, len(data), batch_size):
            batch_data = data[i:i+batch_size, :]
            batch_onehot_vals = onehot_vals[i:i+batch_size, :]
            _, accuracy_val = sess.run([train_op, accuracy], feed_dict={x:
batch_data, y: batch_onehot_vals})
            if i % 1000 == 0:
                print(i, accuracy_val)
        print('DONE WITH EPOCH')
```

1000 エポックのループ

ネットワークをバッチで訓練する

　これでおしまいです！　画像を分類するための畳み込みニューラルネットワークの設計に成功しました。注意：10 分以上かかることがあります。CPU でこのコードを実行している場合、時間がかかることもあります。何日も待った後にコードのバグを発

見したことを想像できますか？　そのため、深層学習の研究者は計算を高速化するために強力なコンピュータと GPU を使用しています。

9.5　パフォーマンスを向上させるためのヒント

　本章で作成した CNN は、画像分類の問題を解決する簡単な方法ですが、プロトタイプを完成した後にパフォーマンスを向上させるためのテクニックはたくさんあります。

- **データの拡張** ― 単一の画像から、簡単に新しい訓練用画像が生成できます。まず、画像を水平または垂直に反転させ、データセットのサイズを 4 倍にすることができます。ニューラルネットワークが変動に対しても一般化されていることを保証するために、画像の明るさや色相を調整することもできます。画像にランダムなノイズを加えて、小さな閉塞に強くすることもできます。画像を上下に拡大するのも役立ちます。訓練用画像と全く同じサイズになれば、ほぼ間違いなく過学習であると言えるからです！

- **早期停止** ― ニューラルネットワークの訓練中に、訓練とテストの誤差を追跡します。最初はネットワークが学習しているので、両方の誤差はゆっくりと減少するはずです。しかしときどき、テスト誤差が増加することもあります。これはニューラルネットワークが過学習を起こし始め、以前は見えなかった入力に一般化することができないという信号です。この現象を目撃した瞬間に訓練を止めるべきです。

- **重みの正規化** ― 過学習と戦う別の方法は、コスト関数に正規化項を追加することです。以前の章で、すでに正規化を見てきましたが、ここでも同じ概念が適用されます。

- **ドロップアウト** ― TensorFlow には便利な `tf.nn.dropout` 関数が付いており、これは過学習を減らすためにネットワークのどの層にも適用できます。訓練中にその層内のランダムに選択された数のニューロンをオフにするので、ネットワークは出力を推論するために冗長で堅牢でなければなりません。

- **より深い構造** ― より多くの隠れ層をニューラルネットワークに追加すると、より深い構造になります。十分な訓練データがあれば、隠れ層を増やすとパフォーマンスが向上することが示されています。

> **演習 9.3**　この CNN 構造を一通り訓練した後、本章で説明したヒントとテクニックのいくつかを適用してみてください。
>
> **解答**
> 面倒ではありますが、残念ながら微調整も過程の一部です。最初にハイパーパラメータを調整し、最適な設定が見つかるまでアルゴリズムを再学習する必要があります。

9.6 畳み込みニューラルネットワークの応用

　入力に音声や画像から読み取ったデータが含まれている場合、畳み込みニューラルネットワークが開花します。特に、画像は業界で大きな関心を呼んでいます。たとえば、ソーシャルネットワークにサインアップするときには、通常「こんにちは」と言っている自分の音声記録ではなく、プロフィール写真をアップロードします。人間は写真を見て自然に楽しめるようですので、画像内の顔を検出するのに CNN がどう使われるかを見てみましょう。

　全体的な CNN の構造は、単純でも複雑でも、好きなようにしてかまいません。単純なものから始め、満足するまで少しずつモデルを調整してください。顔の認識が完全には解決されていないため、絶対に正しいという道はありません。研究者は、これまでの最先端の解決法とは一線を画した論文を出版しています。

　まず、画像のデータセットを取得する必要があります。任意の画像の最大のデータセットの 1 つが ImageNet（http://image-net.org/）です。ここでは、バイナリ分類器の否定的な例を見つけることができます。顔の肯定的な例を得るために、人間の顔に特化した以下のサイトで多数のデータセットを見つけることができます。

- **VGG 顔データセット**：http://www.robots.ox.ac.uk/~vgg/data/vgg_face/
- **FDDB：顔検出データセットとベンチマーク**：http://vis-www.cs.umass.edu/fddb/
- **顔検出と姿勢推定のためのデータベース**：http://mng.bz/25N6
- **YouTube 顔データベース**：http://www.cs.tau.ac.il/~wolf/ytfaces/

9.7 まとめ

- 畳み込みニューラルネットワークは、信号の局所的なパターンを捉えるだけでそれを特徴付けるのに十分であると仮定して、ニューラルネットワークのパラメータ数を減らす。
- データのクリーニングは、ほとんどの機械学習モデルのパフォーマンスには不可欠である。クリーニングのコードを記述するのに費やす時間は、ニューラルネットワーク自身がクリーニング関数を学ぶのに要する時間に比べれば大したものではない。

10 再帰型ニューラルネットワーク

> **本章の内容**
> - 再帰型ニューラルネットワークの構成を理解する
> - 時系列データ予測モデルの設計
> - 実世界のデータで時系列予測を行う

10.1 文脈の情報

　中学生の頃、中期試験の1つの科目が正誤問題のみで安堵したのを思い出します。答えの半分が○で、残りの半分が×であると思ったのは私だけではないはずです。

　ほとんどの問題の答えはわかりましたが、残りは適当に選びました。しかしその推測は、あなたもそのようにしたかもしれませんが、巧妙な考えに基づいていました。私は○の数を数えた後、×の数が○の数に比べて不足していることに気付きました。そこで、分布のバランスをとるため大部分は×にしました。

　試験はうまくいきました。そのときは確かにずるいと思いました。意思決定において非常に自信を感じる、このような狡猾さの感覚は、何なのでしょうか？　このような能力を、ニューラルネットワークにどのようにすれば与えることができるでしょうか？

　1つの答えは、文脈を使って質問に答えることです。文脈的な手掛かりは、機械学習アルゴリズムの性能を向上させることができる重要な信号です。たとえば、英語の文章を調べ、各単語の品詞にタグを付けるとします。

　素朴なアプローチは、それぞれの単語を、周辺の単語のことは考えずに、名詞、形容詞などとして個別に分類することです。**この**文章の単語に、その方法を試すことを考えてみてください。**試す (trying)** という言葉は動詞として使用されますが、**難しい問題 (a trying problem)** のように、文脈によっては形容詞として品詞のタグ付けができます。

　より良いアプローチは、文脈を考慮することです。文脈キューを使ってニューラルネットワークを利用するために、**再帰型ニューラルネットワーク**と呼ばれる仕組みを学びます。自然言語データの代わりに、前章で取り上げた株式市場価格など、時系列データを連続して扱うことになります。本章の最後では、時系列データのパターンをモデル化し、将来の値を予測することができるようになるでしょう。

10.2 再帰型ニューラルネットワークの紹介

再帰型ニューラルネットワークを理解するために、まず図 10.1 の単純な構造を見てみましょう。ベクトル X(t) を入力として受け取り、ある時刻 (t) にベクトル Y(t) を出力として生成します。中央の円は、ネットワークの隠れ層を表します。

図 10.1　入力層と出力層がそれぞれ X(t) と Y(t) とラベル付けされたニューラルネットワーク

十分な入出力例があれば、TensorFlow でネットワークのパラメータを知ることができます。たとえば、入力重みを行列 W_{in}、出力重みを行列 W_{out} と呼ぶことにしましょう。ベクトル Z(t) と呼ばれる隠れ層が 1 つしかないと仮定します。

図 10.2 に示すように、ニューラルネットワークの前半は、関数 $Z(t) = X(t) \times W_{in}$ によって特徴付けられ、後半は、$Y(t) = Z(t) \times W_{out}$ という形になります。ニューラルネットワーク全体を、関数 $Y(t) = (X(t) \times W_{in}) \times W_{out}$ と表してもかまいません。

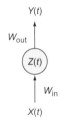

図 10.2　ニューラルネットワークの隠れ層は、入力の重みで符号化され、出力の重みで復号されるデータの隠れた表現と考えることができる

時間をかけてネットワークを微調整したら、実世界の状況で学習したモデルを使い始めることをお勧めします。通常、図 10.3 に示すように、モデルを複数回、おそらく繰り返し呼び出すことになります。

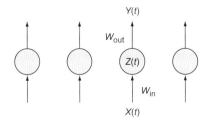

図 10.3　以前の実行の隠れ状態に関する知識を使わずに、しばしば同じニューラルネットワークを複数回実行することがある

時刻 t で学習されたモデルを呼び出すたびに、この構造では以前の実行に関する知識が考慮されません。これは当日のデータだけを見て株式市場の動向を予測するようなものです。より良い考え方は、1週間分あるいは1ヶ月分のデータから重要なパターンを活用することです。

再帰型（リカレント）ニューラルネットワーク（RNN:Recurrent Neural Network）は、時間経過とともに情報を転送する遷移重み W を導入するため、従来のニューラルネットワークとは異なります。図 10.4 に、RNN で学習しなければならない 3 つの重み行列を示します。遷移重みの導入は、次の状態が以前の状態だけでなく以前のモデルに依存することを意味します。つまり、モデルには今まで行ったことの「記憶」があるのです！

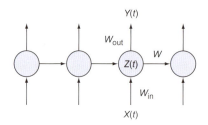

図 10.4　再帰型ニューラルネットワークの仕組みは、ネットワークの以前の状態を効果的に利用することができる

図で見るのも良いですが、自分でやることが大事です。実際にやって慣れていきましょう！次節は、TensorFlow の組み込み RNN モデルの使用方法を説明します。次に、実世界の時系列データに RNN を使用して、未来を予測してみます！

10.3　再帰型ニューラルネットワークの実装

RNN を実装する際には、手間のかかる作業の多くに TensorFlow を使用します。TensorFlow ライブラリはすでにいくつかの堅牢な RNN モデルをサポートしているため、図 10.4 のように手動でネットワークを構築する必要はありません。

注意　RNN に関する TensorFlow ライブラリ情報については、www.tensorflow.org/tutorials/recurrent を参照してください。

RNN モデルの 1 つのタイプは、**長期短期記憶**（LSTM:Long Short-Term Memory）と呼ばれています。面白いネーミングですね。これは、短期的なパターンを長期的に記憶しているというような意味です。

LSTM の実装の詳細は本書の範疇を超えています。はっきりとした標準はまだありませんので、LSTM モデルの詳細について本章では気にせず、私を信じてください。TensorFlow が助けてくれます。どのようにモデルが定義されるかまでを引き受けてくれていますので、そのまま使用することができます。TensorFlow が将来更新されると、自分のコードを変更しなくても、改善された LSTM モデルを利用できるようになるということでもあります。

10.3 再帰型ニューラルネットワークの実装

> **ヒント** 最初から LSTM を実装する方法を理解するには、次の説明を参考にしてください：https://apaszke.github.io/lstm-explained.html。次のリストで使用されている正則化の実装について説明している論文は、http://arxiv.org/abs/1409.2329 にあります。

まず、simple_regression.py という新しいファイルにコードを記述します。次のリストに示すように、関連するライブラリをインポートしてください。

リスト 10.1　関連ライブラリのインポート

```
import numpy as np
import tensorflow as tf
from tensorflow.contrib import rnn
```

次に、`SeriesPredictor` というクラスを定義します。次のリストに示すコンストラクタは、モデルのハイパーパラメータ、重み、コスト関数を設定します。

リスト 10.2　クラスとそのコンストラクタの定義

```
class SeriesPredictor:
    def __init__(self, input_dim, seq_size, hidden_dim=10):
        self.input_dim = input_dim
        self.seq_size = seq_size                                      ← ハイパーパラメータ
        self.hidden_dim = hidden_dim

        self.W_out = tf.Variable(tf.random_normal([hidden_dim, 1]),
                                 name='W_out')
        self.b_out = tf.Variable(tf.random_normal([1]), name='b_out') ← 重み変数と
        self.x = tf.placeholder(tf.float32, [None, seq_size, input_dim]) 入力プレー
        self.y = tf.placeholder(tf.float32, [None, seq_size])            スホルダ

        self.cost = tf.reduce_mean(tf.square(self.model() - self.y))  ← コストのオプ
        self.train_op = tf.train.AdamOptimizer().minimize(self.cost)    ティマイザ

        self.saver = tf.train.Saver()                                 ← 補助操作
```

次に、`BasicLSTMCell` という TensorFlow の組み込み RNN モデルを使用しましょう。`BasicLSTMCell` オブジェクトに渡されたセルの隠れ次元は、時間が経過する隠れ状態の次元です。rnn.dynamic_rnn 関数を使用してこのセルをデータとともに実行し、出力結果を得ることができます。次のリストは、TensorFlow を使用して LSTM を用いた予測モデルを実装する方法を示しています。

リスト 10.3　RNN モデルの定義

```
def model(self):
    """
    :param x: inputs of size [T, batch_size, input_size]
    :param W: matrix of fully-connected output layer weights
    :param b: vector of fully-connected output layer biases
    """
    cell = rnn.BasicLSTMCell(self.hidden_dim)
    outputs, states = tf.nn.dynamic_rnn(cell, self.x, dtype=tf.float32)
    num_examples = tf.shape(self.x)[0]
    W_repeated = tf.tile(tf.expand_dims(self.W_out, 0), [num_examples, 1, 1])
    out = tf.matmul(outputs, W_repeated) + self.b_out
    out = tf.squeeze(out)
    return out
```

LSTM セルを生成する

入力と出力のテンソルを得るために入力上でセルを実行する

完全に接続された線形関数として出力層を計算する

モデルとコスト関数が定義されているので、入出力のペアを例にして LSTM の重みを学習する訓練関数を実装することができます。リスト 10.4 に示すように、セッションを開き、訓練データでオプティマイザを繰り返し実行します。

> **注意**　モデルを訓練するのに必要な反復回数を把握するために、交差検証を使用することができます。この場合、固定のエポック数を仮定します。ResearchGate: http://mng.bz/IB92 などのオンライン Q & A サイトから、良い洞察と答えを見つけることができるでしょう。

訓練後、モデルをファイルに保存して後で読み込むことができます。

リスト 10.4　データセットにおけるモデルの訓練

```
def train(self, train_x, train_y):
    with tf.Session() as sess:
        tf.get_variable_scope().reuse_variables()
        sess.run(tf.global_variables_initializer())
        for i in range(1000):
            _, mse = sess.run([self.train_op, self.cost],
                              feed_dict={self.x: train_x, self.y: train_y})
            if i % 100 == 0:
                print(i, mse)
        save_path = self.saver.save(sess, 'model.ckpt')
        print('Model saved to {}'.format(save_path))
```

1000 回訓練を行う

10.3 再帰型ニューラルネットワークの実装

すべてがうまくいって、モデルがパラメータをうまく学習したとしましょう。次は、他のデータの予測モデルを評価したいと思います。次のリストは、保存されたモデルをロードし、テストデータを入力してセッションでモデルを実行します。学習したモデルがデータのテストでうまく機能しない場合は、LSTM セルの隠れ次元の数を調整してみてください。

リスト 10.5　学習モデルのテスト

```
def test(self, test_x):
    with tf.Session() as sess:
        tf.get_variable_scope().reuse_variables()
        self.saver.restore(sess, './model.ckpt')
        output = sess.run(self.model(), feed_dict={self.x: test_x})
        print(output)
```

完了しました！　しかしそれが機能することを確信するため、データをいくつか作り、予測モデルを訓練してみましょう。次のリストでは、入力データ列 train_x と対応する出力データ列 train_y を作成します。

リスト 10.6　ダミーデータの訓練とテスト

```
if __name__ == '__main__':
    predictor = SeriesPredictor(input_dim=1, seq_size=4, hidden_dim=10)
    train_x = [[[1], [2], [5], [6]],
               [[5], [7], [7], [8]],
               [[3], [4], [5], [7]]]
    train_y = [[1, 3, 7, 11],
               [5, 12, 14, 15],
               [3, 7, 9, 12]]
    predictor.train(train_x, train_y)

    test_x = [[[1], [2], [3], [4]],
              [[4], [5], [6], [7]]]
    predictor.test(test_x)
```

予測結果は 1, 3, 5, 7 のはず

予測結果は 4, 9, 11, 13 のはず

この予測モデルをブラックボックスとして扱い、実世界の時系列データを使って訓練することができます。次節では作業用データを取得します。

10.4 時系列データの予測モデル

　時系列データはオンラインで豊富に入手できます。この例では、国際航空会社の乗客に関する特定期間のデータを使用します。このデータは http://mng.bz/5UWL から入手できます。リンクをクリックすると、図 10.5 に示すように時系列データのすばらしいプロットが表示されます。

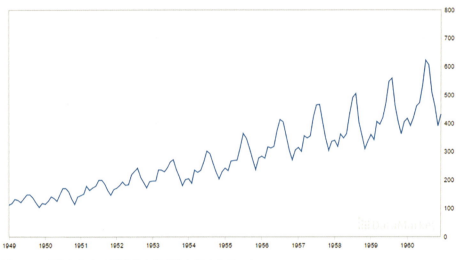

図 10.5　長年にわたる国際航空旅客数を示す生データ

　「Export」タブをクリックし、「Exports」というグループで「CSV(,)」を選択すると、データをダウンロードすることができます。CSV ファイルを手動で編集して、ヘッダ行とフッタ行を削除する必要があります。

　data_loader.py というファイルに、次のコードを追加してください。

10.4 時系列データの予測モデル

リスト 10.7　データのロード

```
import csv
import numpy as np
import matplotlib.pyplot as plt

def load_series(filename, series_idx=1):
    try:
        with open(filename) as csvfile:
            csvreader = csv.reader(csvfile)

            data = [float(row[series_idx]) for row in csvreader
                                          if len(row) > 0]
            normalized_data = (data - np.mean(data)) / np.std(data)
        return normalized_data
    except IOError:
        return None

def split_data(data, percent_train=0.80):
    num_rows = len(data) * percent_train
    return data[:num_rows], data[num_rows:]
```

- ファイルの各行を読み込み、浮動小数点数に変換する
- 訓練データサンプルを計算する
- データセットを訓練用とテスト用に分割する
- 平均値での減算と標準偏差での除算による前処理

　ここでは、`load_series` と `split_data` という 2 つの関数を定義します。最初の関数は時系列ファイルをロードして正規化し、もう 1 つの関数は、訓練用とテスト用の 2 つにデータセットを分割します。

　未来の値を予測するためにモデルを複数回評価するので、`SeriesPredictor` からテスト関数を変更しましょう。すべての呼び出しでセッションを初期化するのではなく、セッションを引数として取ります。この調整については、次のリストを参照してください。

リスト 10.8　セッションで渡すテスト関数の変更

```
def test(self, sess, test_x):
    tf.get_variable_scope().reuse_variables()
    self.saver.restore(sess, './model.ckpt')
    output = sess.run(self.model(), feed_dict={self.x: test_x})
    return output
```

　受け入れ可能な形式でデータを読み込むことで、予測モデルを訓練することができます。リスト 10.9 は、ネットワークを訓練し、訓練されたモデルを使用して未来の値を予測する方法を示しています。リスト 10.6 に示したように、訓練データ (`train_x` と `train_y`) を生成します。

リスト10.9　訓練データを生成する

```python
if __name__ == '__main__':
    seq_size = 5
    predictor = SeriesPredictor(
        input_dim=1,
        seq_size=seq_size,
        hidden_dim=100)

    data = data_loader.load_series('international-airline-passengers.csv')
    train_data, actual_vals = data_loader.split_data(data)

    train_x, train_y = [], []
    for i in range(len(train_data) - seq_size - 1):
        train_x.append(np.expand_dims(train_data[i:i+seq_size],
                       axis=1).tolist())
        train_y.append(train_data[i+1:i+seq_size+1])

    test_x, test_y = [], []
    for i in range(len(actual_vals) - seq_size - 1):
        test_x.append(np.expand_dims(actual_vals[i:i+seq_size],
                      axis=1).tolist())
        test_y.append(actual_vals[i+1:i+seq_size+1])

    predictor.train(train_x, train_y, test_x, test_y)

    with tf.Session() as sess:
        predicted_vals = predictor.test(sess, test_x)[:,0]
        print('predicted_vals', np.shape(predicted_vals))
        plot_results(train_data, predicted_vals, actual_vals,
                     'predictions.png')

        prev_seq = train_x[-1]
        predicted_vals = []
        for i in range(20):
            next_seq = predictor.test(sess, [prev_seq])
            predicted_vals.append(next_seq[-1])
            prev_seq = np.vstack((prev_seq[1:], next_seq[-1]))
        plot_results(train_data, predicted_vals, actual_vals,
                     'hallucinations.png')
```

　予測モデルは2つのグラフを生成します。1つ目は図10.6に示すように、グランドトゥルース値を与えられときのモデルの予測結果です。

　もう1つのグラフは、訓練データのみが与えられた場合（青線）と何も与えられていない場合の予測結果を示しています（図10.7参照）。この方法では、入手可能な情報は少なくなりましたがデータの傾向によく一致しました。

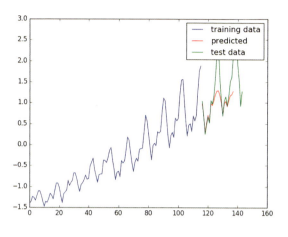

図 10.6 予測はグランドトゥルースのデータに対してテストされたときの傾向とかなりよく一致している

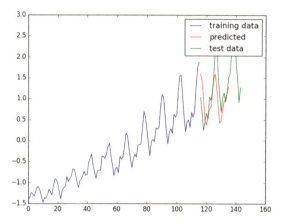

図 10.7 アルゴリズムが以前予測された結果を使用してさらに予測を行う場合、全体的な傾向はよく一致するが部分的には一致しない

　現実的なデータの変動を再現するために、時系列予測モデルを使用できます。これまでに学んだツールに基づいて市場の景気の波を予測することを想像してください。待っているだけでは何も始まりませんね？　今すぐ市場データを入手して、あなた自身の予測モデルを学習してください！

10.5　再帰型ニューラルネットワークの応用

　再帰型ニューラルネットワークは、連続的なデータと合わせて使用されることを想定しています。音声信号は動画よりも小さい次元（1次元信号と2次元ピクセル配列）ですので、音声時系列データを使う方がはるかに簡単です。何年にもわたって音声認識がどれだけ向上したかを考えてみましょう。今や扱いやすい問題になっているのです！

　第5章で音声データのクラスタリングを行った音声ヒストグラム分析のように、ほとんどの音声認識の前処理では、音声をクロマグラムのようなものに表現する必要があります。具体的には、一般的な手法は**メル周波数ケプストラム係数** (MFCCs:

MelFrequency Cepstral Coefficients）と呼ばれる機能を使用することです。このブログの記事 http://mng.bz/411F でわかりやすく概説されています。

次に、モデルを訓練するためのデータセットが必要です。人気があるものは次の通りです：

- LibriSpeech: http://www.openslr.org/12
- TED-LIUM: http://www.openslr.org/7
- VoxForge: http://www.voxforge.org

これらのデータセットを用いた、TensorFlow による簡単な音声認識実装の詳細なチュートリアルは、オンライン：https://svds.com/tensorflow-rnn-tutorial から入手できます。

10.6 まとめ

- 再帰型ニューラルネットワーク（RNN）は過去の情報を使用する。時間依存性の高いデータを使用して予測を行うことができる。
- TensorFlow には RNN モデルが付属している。
- 時系列予測はデータに時間依存性があるため RNN の応用に向いている。

11 シーケンス変換モデルを用いたチャットボット

> **本章の内容**
> - シーケンス変換モデルの検証
> - 単語埋め込みベクトル
> - 実世界のデータを用いたチャットボットの実装

　電話でカスタマーサービスと話すことは、顧客と会社の両方にとって負担です。サービスの提供者は、カスタマーサービスの担当者を雇うために多額のお金を払っていますが、この努力のほとんどを自動化することが可能であったとしたらどうでしょうか？　自然言語を通して顧客とつながるソフトウェアを開発できるでしょうか？

　その考えは、あなたが思うほどあり得ないことではありません。チャットボットは、深層学習技術を使用した自然言語処理において空前の発展を遂げた結果、非常に大きな話題となりました。おそらく、十分な訓練データがあれば、チャットボットは学習し、自然な会話を通してよくある顧客の問題の案内をすることができるようになるでしょう。チャットボットが本当に有能であれば、係員を雇う必要がなくなり経費を節約できるだけでなく、顧客への回答もスムーズになるでしょう。

　本章では、ニューラルネットワークに数千もの文章入出力を与えてチャットボットを作成します。訓練データセットは英語の会話です。たとえば、あなたが「どうですか？」と尋ねると、チャットボットは「元気です、ありがとう」と応答する必要があります。

注意　本章では、**語の並び**と**文**は交換可能な概念として考えています。実装では、文は文字の並びになります。別の一般的なアプローチは、文章を単語の並びとして表現する方法です。

　実質的にこのアルゴリズムは、各自然言語クエリに対する知的な自然言語応答を生成しようとするものです。これまでの章で解説してきた2つの主な概念であるマルチクラス分類と再帰型ニューラルネットワーク（RNN）を使用するニューラルネットワークを実装します。

11.1　分類器とRNNの構築

　分類は入力データ項目のカテゴリを予測する機械学習アプローチであることを覚えておいてください。さらに言うと、マルチクラス分類は2つ以上のクラスを分類可能にします。第4章で、TensorFlowでそのようなアルゴリズムを実装する方法を見てきました。具体的には、モデルの予測（数値の並び）とグランドトゥルース（ワンホットベクトル）との間のコスト関数は、交差エントロピー損失を用いて2つのシーケンス（データの並び）間の距離を求めようとしています。

注意 ワンホットベクトルは、ある次元の値だけが 1 で、他がすべて 0 であるベクトルです。

今回の場合、チャットボットを実装するには交差エントロピー損失の変形を用いて、2 つのシーケンス、つまりモデルの応答（シーケンス）とグランドトゥルース（こちらもシーケンス）の違いを測定します。

> **演習 11.1** TensorFlow では、交差エントロピー損失関数を使用して、(1, 0, 0) のようなワンホットベクトルと、(2.34, 0.1, 0.3) などのニューラルネットワークの出力間の類似性を測定することができます。一方、英文は数値ベクトルではありません。英文の類似性を測定するには、交差エントロピー損失をどのように使えばよいでしょうか？
>
> **解答**
> 大まかなアプローチとしては、文中の各単語の出現頻度を数えることによって、各文をベクトルとして表します。次にそれらのベクトルを比較して、それらがどの程度一致するかを確認します。

RNN は、現時点の入力だけでなく、以前の入力からの状態情報も組み込むためのニューラルネットワーク設計であることを思い出してください。第 10 章でこれらについて詳しく説明しましたが、本章で再び使用します。RNN は入力と出力を時系列データとして表します。これはシーケンスを表現するのに必要なものです。

単純な考えは、すぐに使える RNN を使ってチャットボットを実装することです。これは悪い方法ですが、なぜなのかを見てみましょう。RNN の入力と出力は自然言語文であるため、入力 (x_t, x_{t-1}, x_{t-2}, ...) と出力 (y_t, y_{t-1}, y_{t-2}, ...) は単語のシーケンスになります。会話をモデル化するために RNN を使用する際の問題は、RNN がすぐに出力結果を生成することです。入力が (*How, are, you*) という単語のシーケンスである場合、最初の出力単語は最初の入力単語のみに依存します。RNN の出力シーケンス項目 y_t は、入力文の続き部分を先読みして決定することができません。入力シーケンス (x_t, x_{t-1}, x_{t-2}, ...) の前のみの知識によって制限されるのです。単純な RNN モデルは、質問を終える前にユーザに応答をしようとして、不正確な結果につながる可能性があります。

代わりに 2 つの RNN（1 つは入力文、もう 1 つは出力シーケンス）を用いるようにします。入力シーケンスが 1 つめの RNN によって処理され終わった後、2 つめの RNN に隠れ状態を送信して出力文を処理します。図 11.1 のエンコーダとデコーダと名付けた 2 つの RNN を見てみましょう。

seq2seqモデルの外観

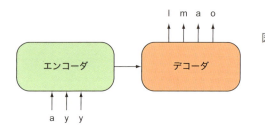

図 11.1　ニューラルネットワークモデルの外観。入力 **ayy** はエンコーダ RNN に渡され、デコーダ RNN は **lmao** と応答することが期待される。これらはチャットボットの簡単な例だが、入力と出力の文章がもっと複雑になることは想像できるだろう

　これまでの章のマルチクラス分類と RNN の概念を、入力シーケンスを出力シーケンスにマッピングすることを学ぶニューラルネットワークの設計に導入します。RNN は入力文を符号化し、要約された状態ベクトルを復号器に渡し、それを応答文に復号する方法を提供します。モデルの応答とグランドトゥルースとのコストを測定するために、マルチクラス分類に使用される関数である交差エントロピー損失を検討します。

　この仕組みは、**シーケンス変換（seq2seq:sequence-to-sequence）ニューラルネットワーク**と呼ばれています。使用する訓練データは、映画スクリプトから得られた何千もの文の対になります。アルゴリズムはこれらの対話の例を観察し、最終的には任意の問い合わせに対する応答を形成することを学びます。

> **演習 11.2**　チャットボットの恩恵を受けることができる産業は他にどんなものがありますか？
>
> **解答**
> 英語、数学、コンピュータ科学など、さまざまな科目を教える教育ツールとしての若い学生の会話パートナーが 1 例として挙げられます。

　本章の最後には、あなたの質問にある程度反応できる独自のチャットボットが完成する予定です。このモデルは常に同じ入力クエリに対して同じように応答するため、完全ではありません。

　例えば、あなたが言語を話す能力を持たずに外国に旅行しているとします。商売上手なセールスマンは、あなたが外国語の文章に答えるにはこれだけあれば良いと言って、あなたに本を手渡します。あなたはその本を辞書のように使うはずです。誰かが外国語のフレーズを言うと、あなたはそれを調べます。その本には、「誰かが**こんにちは**と言ったら、**こんにちは**と言いましょう。」と声に出して読むように書いてあります。

　確かにちょっとした会話用には実用的な会話集かもしれませんが、あなたは会話集のような検索テーブルで任意の対話に対する正しい応答を得ることができるでしょうか？　もちろん無理ですね！　「あなたは空腹ですか？」という問いについて調べるこ

とを考えてみてください。その質問に対する答えは本に印刷されていて、決して変更されることはありません。

検索テーブルには状態情報がありません。これは対話の重要な要素です。seq2seq モデルでは、同様の問題が発生します。しかしそれは良い出発点です！ 信じられないかもしれませんが、2017 年の時点では知的な対話のための階層的な状態表現はまだ標準的ではありません。多くのチャットボットはこれらの seq2seq モデルで始まるのです。

11.2　seq2seq の仕組み

seq2seq モデルは、入力シーケンスから出力シーケンスを予測するニューラルネットワークを学習しようとします。シーケンスは出来事の順序付けを意味するため、従来のベクトルとは少し異なります。

時間は出来事を順序付ける直感的な方法です。私たちは通常、**一時的**、**時系列**、**過去**、**未来**などの時間に関連する言葉をそれとなく使います。例えば、RNN が**未来の時間**ステップに情報を伝播すると言ったり、**時間依存性**を捉えると言ったりします。

注意　RNN については第 10 章で詳しく説明しています。

---

seq2seq モデルは、複数の RNN を使用して実装されています。単一の RNN セルが図 11.2 に示されています。これは seq2seq モデル構造の構成要素になっています。

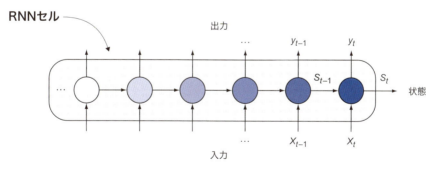

図 11.2　RNN の入力、出力、状態。RNN がどのように実装されているかの複雑な細部は、完全に理解できなくてもそれほど気にしなくてよい。入力と出力のフォーマットが重要である

まず、モデルの複雑さを改善するために RNN を重ねる方法を学びます。次に「エンコーダ」と「デコーダ」のネットワークを持つことができるように、1 つの RNN の隠れ状態をもう 1 つの RNN に連結する方法を学びます。理解は進んでいると思いますので、RNN を使うのは非常に簡単でしょう。

その後、自然言語の文をベクトルのシーケンスに変換することについて紹介します。結局のところ、RNN は数値データしか理解しないため、この変換プロセスが絶対に必要なのです。**シーケンス**は「テンソルのリスト」の別の表現方法であるため、データを適切に変換できることを確認する必要があります。たとえば、文は単語のシーケンスですが、単語はテンソルではありません。単語をテンソルやもっと一般的なベクトルに変換するプロセスは、埋め込み（embedding）と呼ばれます。

最後に、実世界のデータで seq2seq モデルを実装するために、これらの概念をすべてまとめます。データには映画スクリプトの数千もの会話を用います。

次のコードリストに従って、すぐに取り掛かりましょう。新しい Python ファイルを開き、リスト 11.1 をコピーして定数とプレースホルダを設定します。プレースホルダを [None, seq_size, input_dim] と定義します。None は可変のバッチサイズで、seq_size はシーケンスの長さであり、input_dim は各シーケンスの項目の次元であることを意味します。

リスト 11.1　定数とプレースホルダの設定

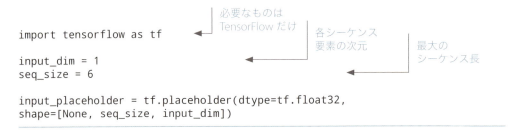

図 11.2 のような RNN セルを生成するために、TensorFlow には便利な `LSTMCell` クラスがあります。リスト 11.2 はそれを使用し、セルからの出力と状態を抽出する方法を示しています。便宜上、リストは `make_cell` というヘルパー関数を定義し、LSTM RNN セルを設定します。セルを定義するだけでは不十分であるということを覚えておいてください。ネットワークを設定するには、`tf.nn.dynamic_rnn` も呼び出す必要があります。

リスト 11.2　単純な RNN セルの作成

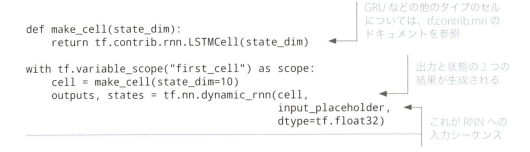

以前の章から、隠れ層を増やしてニューラルネットワークの複雑さを改善できることを覚えているかもしれません。層を増やすことはパラメータを増やすことを意味し、おそらくモデルがより多くの関数を表現できることを意味します。より柔軟になるということです。

それはそうと、セルは重ね合わせることができます。しない理由は何もありません。重ね合わせを行うとモデルはより複雑になるため、おそらくこの2層のRNNモデルはより表現力豊かになり、より優れたパフォーマンスを発揮するでしょう。図11.3は、2つのセルを重ねたものを示しています。

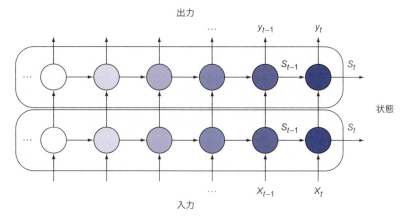

図11.3　より複雑な構造を設計するためにRNNセルを積み重ねることができる

> **警告**　モデルの柔軟性が高いほど、訓練データを過学習する可能性が高くなります。

TensorFlowでは、この2層のRNNネットワークを直感的に実装できます。まず、2番目のセルに新しい変数スコープを作成します。RNNを重ねるには、1つ目のセルの出力を2つ目のセルの入力に連結します。以下のリストは、これを正確に行う方法を示しています。

リスト11.3　2つのRNNセルの積み重ね

```
with tf.variable_scope("second_cell") as scope:    ← 変数スコープを定義することで変数の再利用によるランタイムエラーを回避できる
    cell2 = make_cell(state_dim=10)
    outputs2, states2 = tf.nn.dynamic_rnn(cell2,
                                          outputs,    ← このセルへの入力は他のセルの出力になる
                                          dtype=tf.float32)
```

RNNが4層必要だった場合はどうなりますか？10層だった場合は？図11.4では例として4層のRNNセルを示しています。

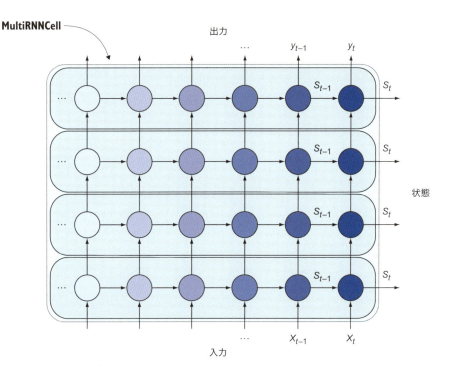

図 11.4　TensorFlow を使用すると、必要な数の RNN セルを重ねることができる

TensorFlow ライブラリが提供するセルを積み重ねるのに便利で簡単な方法は、MultiRNNCell と呼ばれています。次のリストは、このヘルパー関数を使用して任意の大きな RNN セルを構築する方法を示しています。

リスト 11.4　MultiRNNCell を使って複数のセルを積み重ねる

```
def make_multi_cell(state_dim, num_layers):
    cells = [make_cell(state_dim) for _ in range(num_layers)]
    return tf.contrib.rnn.MultiRNNCell(cells)

multi_cell = make_multi_cell(state_dim=10, num_layers=4)
outputs4, states4 = tf.nn.dynamic_rnn(multi_cell,
                                     input_placeholder,
                                     dtype=tf.float32)
```

RNNセルのリストを構築するにはforループ構文が好ましい

これまでは、1つのセルの出力をもう1つのセルの入力に接続することで、RNN を垂直に拡大させました。seq2seq モデルでは、1つの RNN セルで入力文を処理し、もう1つの RNN セルで出力文を処理します。2つのセル間で通信するには、図11.5 に示すように、セルからセルに状態を接続して RNN を水平に接続することもできます。

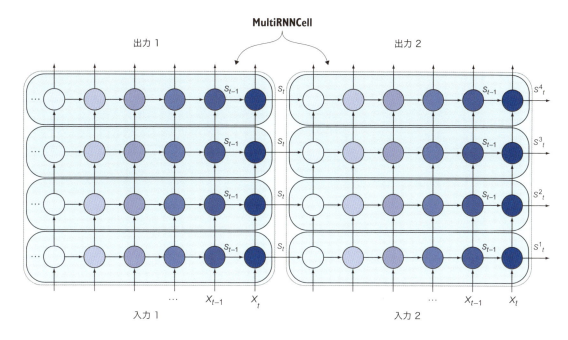

図 11.5 1つ目のセルの最後の状態を2つ目のセルの初期状態として使用できる。このモデルは入力シーケンスから出力シーケンスへのマッピングを学習できる。このモデルは **seq2seq** と呼ばれる

　　RNNセルを縦に積み重ね、それらを水平に接続すると、ネットワーク内のパラメータの数が大幅に増えます。これは神に対する冒涜でしょうか？その通りです。あらゆる方法でRNNを構成することで、巨大なシステムを構築してしまいました。しかしこの狂気には方法論があります。この狂気に満ちたニューラルネットワークの構造はseq2seqモデルを背景としているためです。

　　図11.5に示すように、seq2seqモデルは2つの入力シーケンスと2つの出力シーケンスを持つように見えます。入力文には入力1のみが使用され、出力文には出力2のみが使用されます。

　　他の2つのシーケンスをどうすればいいのか疑問に思うかもしれません。不思議なことに、出力1のシーケンスはseq2seqモデルではまったく使用されません。入力2のシーケンスはご覧の通り、フィードバックループ内で出力2のデータのいくつかを使用して作成されます。

　　チャットボックスを設計するための訓練データは入力文と出力文のペアであるため、テンソルに単語を埋め込む方法をよりよく理解する必要があります。次節では、TensorFlowでこれを行う方法について説明します。

> **演習 11.3** 文章は文字や単語のシーケンスで表すことができますが、文章をそれ以外のシーケンスで表現することはできますか？
>
> **解答**
> フレーズや文法的な情報（動詞、名詞など）を使用することができます。実際のアプリケーションでは、単語形式、綴り、意味を標準化するために自然言語処理（NLP: Natural Language Processing）検索を使用することがより一般的です。この翻訳を行うライブラリの一例は Facebook（https://github.com/facebookresearch/fastText）の fastText です。

11.3 記号のベクトル表現

単語と文字は記号であり、TensorFlow において記号を数値に変換するのは簡単です。たとえば、単語 $_0$: *the*、単語 $_1$: *fight*、単語 $_2$: *wind*、単語 $_3$: *like* という 4 つの単語があるとしましょう。

「Fight the wind」という文の埋め込みを見つけたいとしましょう。「fight」という記号は検索テーブルのインデックス 1、「the」はインデックス 0、「wind」はインデックス 2 にあります。「fight」という単語の埋め込みを見つけたい場合は、検索テーブルをインデックス 1 で参照して、埋め込み値を特定する必要があります。最初の例では、図 11.6 に示すように、各単語に番号が関連付けられています。

単語	番号
the	17
fight	22
wind	35
like	51

図 11.6　記号からスカラー（単一の数値データ）へのマッピング

次のリストは、TensorFlow コードを用いて記号と数値の間のマッピングを定義する方法を示しています。

リスト 11.5　スカラーの検索テーブルの定義

```
embeddings_0d = tf.constant([17, 22, 35, 51])
```

あるいは図 11.7 に示すように、単語がベクトルに関連付けられているかもしれません。これは単語を表現するのに好ましい方法で、よく使われます。単語のベクトル表現に関する完全なチュートリアルは、公式の TensorFlow ドキュメント：http://mng.bz/35M8 にあります。

11.3 記号のベクトル表現

単語	ベクトル
the	[1, 0, 0, 0]
fight	[0, 1, 0, 0]
wind	[0, 0, 1, 0]
like	[0, 0, 0, 1]

図 11.7　記号からベクトルへのマッピング

次のリストに示すように、TensorFlow で単語とベクトルの間のマッピングを実装できます。

リスト 11.6　4 次元ベクトルの検索テーブルの定義

```
embeddings_4d = tf.constant([[1, 0, 0, 0],
                             [0, 1, 0, 0],
                             [0, 0, 1, 0],
                             [0, 0, 0, 1]])
```

これはやりすぎかもしれませんが、数字 (ランク 0) またはベクトル (ランク 1) だけでなく、任意のランクのテンソルで記号を表すことができます。図 11.8 では、シンボルをランク 2 のテンソルにマッピングしています。

単語	テンソル
the	[[1, 0], [0, 0]]
fight	[[0, 1], [0, 0]]
wind	[[0, 0], [1, 0]]
like	[[0, 0], [0, 1]]

図 11.8　記号からテンソルへのマッピング

次のリストは、TensorFlow で単語からテンソルへのマッピングを実装する方法を示しています。

リスト 11.7　テンソルの検索テーブルの定義

```
embeddings_2x2d = tf.constant([[[1, 0], [0, 0]],
                               [[0, 1], [0, 0]],
                               [[0, 0], [1, 0]],
                               [[0, 0], [0, 1]]])
```

TensorFlow で提供される `embedding_lookup` 関数は、次のリストに示すように、インデックスによる埋め込みにアクセスする最適な方法です。

リスト 11.8　埋め込みの検索

```
ids = tf.constant([1, 0, 2])
lookup_0d = sess.run(tf.nn.embedding_lookup(embeddings_0d, ids))
print(lookup_0d)

lookup_4d = sess.run(tf.nn.embedding_lookup(embeddings_4d, ids))
print(lookup_4d)

lookup_2x2d = sess.run(tf.nn.embedding_lookup(embeddings_2x2d, ids))
print(lookup_2x2d)
```

※ fight, the, wind という単語に対応する埋め込み検索

　実際には、埋め込み行列はハードコードする必要はありません。これらのリストは、TensorFlow の embedding_lookup 関数の入出力機能を理解するためのものです（かなり使います）。埋め込み検索テーブルは、ニューラルネットワークを訓練することによって、時間の経過と共に自動的に学習されます。まずランダムに、正規分布している検索テーブルを定義します。TensorFlow のオプティマイザがコストを最小限に抑えるように行列の値を調整します。

> **演習 11.4**　公式の TensorFlow の word2vec チュートリアルに従って、埋め込みにもっと慣れてください：www.tensorflow.org/tutorials/word2vec
>
> **解答**
> このチュートリアルでは、TensorBoard を使用して埋め込みを視覚化する方法について説明します。

11.4　実装の仕上げ

　ニューラルネットワークにおいて自然言語入力を使用する第 1 のステップは、記号と整数インデックスとの間のマッピングを決定することです。文章を表現する一般的な方法は、**文字**のシーケンスか**単語**のシーケンスによるものの 2 つです。単純にするため文字のシーケンスを扱うことにすると、文字と整数インデックスの間のマッピングを作成する必要があります。

> **注意**　公式のコードリポジトリは、書籍の Web サイト（www.manning.com/books/machine-learning-with-tensorflow）や GitHub（http://mng.bz/EB5A）で入手できます。本からコピーアンドペーストすることなくコードを実行することができます。

　次のリストは、整数と文字の間のマッピングを作成する方法を示しています。この関数に文字列のリストを渡すと、マッピングを表す 2 つの辞書が生成されます。

リスト 11.9　数値と記号の抽出

```
def extract_character_vocab(data):
    special_symbols = ['<PAD>', '<UNK>', '<GO>', '<EOS>']
    set_symbols = set([character for line in data for character in line])
    all_symbols = special_symbols + list(set_symbols)
    int_to_symbol = {word_i: word
                     for word_i, word in enumerate(all_symbols)}
    symbol_to_int = {word: word_i
                     for word_i, word in int_to_symbol.items()}

    return int_to_symbol, symbol_to_int

input_sentences = ['hello stranger', 'bye bye']          ◀── 訓練用の入力文リスト
output_sentences = ['hiya', 'later alligator']           ◀── 訓練用の対応出力文リスト

input_int_to_symbol, input_symbol_to_int =
    extract_character_vocab(input_sentences)

output_int_to_symbol, output_symbol_to_int =
    extract_character_vocab(output_sentences
```

次に、リスト 11.10 ですべてのハイパーパラメータと定数を定義します。これらは通常、試行錯誤によって手動で調整できる値です。通常は次元や層の数が大きいほど複雑なモデルになり、データが大きく、処理能力が高く、時間がかかる場合には効果的です。

リスト 11.10　ハイパーパラメータの定義

次にすべてのプレースホルダをリストアップしましょう。リスト 11.11 で分かるように、プレースホルダはネットワークを訓練するのに必要な入出力シーケンスをうまく構成します。シーケンスとその長さの両方を追跡する必要があります。デコーダ部分については、最大シーケンス長も計算する必要があります。これらのプレースホルダの None 値は、テンソルがその次元の任意のサイズを取ることを意味します。たと

えば、バッチサイズは実行ごとに異なる場合があります。しかし、単純にするために、バッチサイズは常に同じにしておきます。

リスト 11.11　プレースホルダのリスト

```
# Encoder placeholders
encoder_input_seq = tf.placeholder(        ← エンコーダの入力用の
    tf.int32,                                 整数シーケンス
    [None, None],                          ← サイズはバッチサイズ × シーケンス長
    name='encoder_input_seq'
)
encoder_seq_len = tf.placeholder(          ← バッチのシーケンス長
    tf.int32,
    (None,),                               ← サイズはシーケンス長が変わる
    name='encoder_seq_len'                    可能性があるため動的に
)
# Decoder placeholders
decoder_output_seq = tf.placeholder(       ← デコーダの出力用の
    tf.int32,                                 整数シーケンス
    [None, None],                          ← サイズはバッチサイズ × シーケンス長
    name='decoder_output_seq'
)
decoder_seq_len = tf.placeholder(          ← バッチのシーケンス長
    tf.int32,
    (None,),                               ← サイズはシーケンス長が変わる
    name='decoder_seq_len'                    可能性があるため動的に
)
max_decoder_seq_len = tf.reduce_max(       ← バッチ内のデコーダ
    decoder_seq_len,                          シーケンス長の最大
    name='max_decoder_seq_len'
)
```

RNNセルを構築するヘルパー関数を定義しましょう。次のリストに示すように、これらの関数は前節からおなじみですね。

リスト 11.12　RNNセルを構築するヘルパー関数

```
def make_cell(state_dim):
    lstm_initializer = tf.random_uniform_initializer(-0.1, 0.1)
    return tf.contrib.rnn.LSTMCell(state_dim, initializer=lstm_initializer)

def make_multi_cell(state_dim, num_layers):
    cells = [make_cell(state_dim) for _ in range(num_layers)]
    return tf.contrib.rnn.MultiRNNCell(cells)
```

11.4 実装の仕上げ

定義したヘルパー関数を使用して、エンコーダとデコーダの RNN セルを作成します。図 11.9 で、seq2seq モデルをコピーしてエンコーダとデコーダの RNN を視覚化しました。

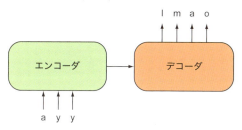

図 11.9 seq2seq モデルは、エンコーダ RNN とデコーダ RNN を使用して、入力シーケンスと出力シーケンスの間の変換を学習する

リスト 11.13 でエンコーダセルを作成しますので、最初にエンコーダセルの部分について説明しておきましょう。エンコーダ RNN で生成された状態は、encoder_state と呼ばれる変数に格納されます。RNN も出力シーケンスを生成しますが、標準の seq2seq モデルではそれにアクセスする必要はないため、無視するか削除することができます。

通常、**埋め込み**と呼ばれるベクトル表現における文字や単語の変換も一般的です。TensorFlow は、記号の整数表現を埋め込むのに役立つ、embed_sequence という便利な関数を提供します。図 11.10 に、エンコーダ入力が検索テーブルから数値を受け取る方法を示します。リスト 11.13 の最初で実際に見ることができます。

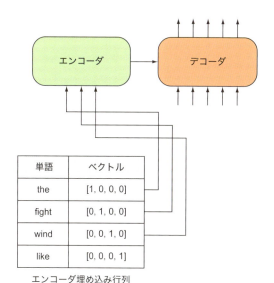

図 11.10 RNN は数値のシーケンスのみを入力や出力として受け付けるので、記号をベクトルに変換する。この場合、記号は「the」、「fight」、「wind」、「like」のような単語である。それらの対応するベクトルは埋め込み行列に関連付けられる

リスト 11.13　エンコーダの埋め込みとセル

```
# Encoder embedding

encoder_input_embedded = tf.contrib.layers.embed_sequence(
    encoder_input_seq,              ← 数字の入力シーケンス
    INPUT_NUM_VOCAB,                  （行インデックス）
    ENCODER_EMBEDDING_DIM           ← 埋め込み行列の行
)
                                    ← 埋め込み行列の列

# Encoder output

encoder_multi_cell = make_multi_cell(RNN_STATE_DIM, RNN_NUM_LAYERS)

encoder_output, encoder_state = tf.nn.dynamic_rnn(
    encoder_multi_cell,
    encoder_input_embedded,
    sequence_length=encoder_seq_len,
    dtype=tf.float32
)
                                    ← この値は保持しなくてもよい
del(encoder_output)
```

　デコーダ RNN の出力は、自然言語文を表す数値のシーケンスと、シーケンスが終了したことを表す特別な記号です。シーケンスの終わり（end-of-sequence）を表す記号は、<EOS> とラベル付けされます。図 11.11 にこのプロセスを示します。デコーダ RNN への入力シーケンスは、各文末に特殊記号 <EOS> をつける代わりに、特殊記号 <GO> を文頭につけます。このようにして、デコーダは左から右に入力を読み込んだ後、余計な情報を必要とせず応答できる、頑強なモデルになります。

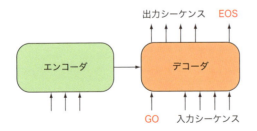

図 11.11　デコーダの入力は前に特殊記号 <GO> が置かれるが、出力には後ろに特殊記号 <EOS> がついている

　リスト 11.14 は、これらのスライスと連結操作を正しく実行する方法を示しています。デコーダの入力のために新たに構築されたシーケンスは、decoder_input_seq と呼ばれます。TensorFlow の tf.concat 演算を使用して行列を連結します。リストでは go_prefixes 行列を定義します。これは、<GO> の記号のみを含む列ベクトルになります。

リスト 11.14　デコーダへの入力シーケンスの準備

```
decoder_raw_seq = decoder_output_seq[:, :-1]
go_prefixes = tf.fill([BATCH_SIZE, 1], output_symbol_to_int['<GO>'])
decoder_input_seq = tf.concat([go_prefixes, decoder_raw_seq], 1)
```

- 最後の列を無視して行列を切り取る
- <GO> シンボルの列ベクトルを作成する
- 切り取った行列の先頭に <GO> ベクトルを連結する

では、次にデコーダセルを構築しましょう。リスト 11.15 に示すように、まず、decoder_input_embedded と呼ばれるベクトルシーケンスに整数のデコーダシーケンスを埋め込みます。

埋め込まれた入力シーケンスはデコーダの RNN に供給されるので、デコーダ RNN セルを作成します。さらにもう 1 つ、デコーダの出力を output_layer と呼ばれる単語のワンホット表現にマップする層が必要になります。デコーダを設定するプロセスは、エンコーダと同様に始めます。

リスト 11.15　デコーダの埋め込みとセル

```
decoder_embedding = tf.Variable(tf.random_uniform([OUTPUT_NUM_VOCAB,
                                                   DECODER_EMBEDDING_DIM]))
decoder_input_embedded = tf.nn.embedding_lookup(decoder_embedding,
                                                decoder_input_seq)

decoder_multi_cell = make_multi_cell(RNN_STATE_DIM, RNN_NUM_LAYERS)

output_layer_kernel_initializer =
    tf.truncated_normal_initializer(mean=0.0, stddev=0.1)
output_layer = Dense(
    OUTPUT_NUM_VOCAB,
    kernel_initializer = output_layer_kernel_initializer
)
```

さて、このあたりから怪しくなってきます。デコーダの出力を取得するには、訓練中と推論中の 2 つの方法があります。訓練デコーダは訓練中のみ使用され、推論デコーダはこれまで見られていないデータのテストに使用されます。

出力シーケンスを取得する方法が 2 つある理由は、訓練中にグランドトゥルースデータが利用できるため、既知の出力に関する情報を使用して学習プロセスをスピードアップすることができるからです。しかし、推論の際には、グランドトゥルースの出力ラベルはないので、入力シーケンスだけを使った推論に頼らなければなりません。

次のリストは、訓練デコーダを実装しています。TrainingHelper を使用して、decoder_input_seq をデコーダの入力に送ります。このヘルパー操作は、デコーダ RNN への入力を管理します。

リスト 11.16　デコーダの出力（訓練）

```
with tf.variable_scope("decode"):
    training_helper = tf.contrib.seq2seq.TrainingHelper(
        inputs=decoder_input_embedded,
        sequence_length=decoder_seq_len,
        time_major=False
    )

    training_decoder = tf.contrib.seq2seq.BasicDecoder(
        decoder_multi_cell,
        training_helper,
        encoder_state,
        output_layer
    )

    training_decoder_output_seq, _, _ = tf.contrib.seq2seq.dynamic_decode(
        training_decoder,
        impute_finished=True,
        maximum_iterations=max_decoder_seq_len
    )
```

テストデータで seq2seq モデルからの出力を得ようとすると、decoder_input_seq にアクセスできなくなります。どうしてでしょう？　デコーダ入力シーケンスは、訓練データセットでのみ利用可能なデコーダ出力シーケンスから導出されます。

次のリストは、推論の場合のデコーダ出力操作を実装しています。ここでもまた、ヘルパー操作を使用して、デコーダに入力シーケンスを与えます。

リスト 11.17　デコーダの出力（推論）

```
with tf.variable_scope("decode", reuse=True):
    start_tokens = tf.tile(
        tf.constant([output_symbol_to_int['<GO>']],
                    dtype=tf.int32),
        [BATCH_SIZE],
        name='start_tokens')

    inference_helper = tf.contrib.seq2seq.GreedyEmbeddingHelper(
        embedding=decoder_embedding,
        start_tokens=start_tokens,
        end_token=output_symbol_to_int['<EOS>']
    )
```

推論プロセスのヘルパー

11.4 実装の仕上げ

```
inference_decoder = tf.contrib.seq2seq.BasicDecoder(
    decoder_multi_cell,
    inference_helper,
    encoder_state,
    output_layer
)
inference_decoder_output_seq, _, _ = tf.contrib.seq2seq.dynamic_decode(
    inference_decoder,
    impute_finished=True,
    maximum_iterations=max_decoder_seq_len
)
```

※ CIFAR データセットから画像を取得し、視覚化する

※ デコーダを使用して動的なデコードを行う

TensorFlow の sequence_loss メソッドを用いてコストを計算します。推論されたデコーダの出力シーケンスとグランドトゥルースの出力シーケンスにアクセスする必要があります。次のリストは、コード内のコスト関数を定義しています。

リスト 11.18　コスト関数

```
training_logits =
    tf.identity(training_decoder_output_seq.rnn_output, name='logits')
inference_logits =
    tf.identity(inference_decoder_output_seq.sample_id, name='predictions')

masks = tf.sequence_mask(
    decoder_seq_len,
    max_decoder_seq_len,
    dtype=tf.float32,
    name='masks'
)

cost = tf.contrib.seq2seq.sequence_loss(
    training_logits,
    decoder_output_seq,
    masks
)
```

※ 便宜上テンソルの名前を変更しておく

※ sequence_loss の重みを設定する

※ TensorFlow の組み込みシーケンス損失関数を使用

最後に、オプティマイザを呼び出してコストを最小にしましょう。しかし、まだ紹介していないテクニックが1つあります。このような深層ネットワークでは、**勾配クリッピング（Gradient Clipping）** という技術を用いて勾配が極端に変化しないように制限する必要があります。リスト 11.19 にその方法を示します。

> **演習 11.5** 違いを見るために、seq2seq モデルを勾配クリッピングなしで試してみてください。
>
> **解答**
> 勾配クリッピングがないと、ネットワークが勾配を調整しすぎて数値が不安定になる場合があることがわかるでしょう。

リスト 11.19　オプティマイザの呼び出し

```
optimizer = tf.train.AdamOptimizer(LEARNING_RATE)

gradients = optimizer.compute_gradients(cost)
capped_gradients = [(tf.clip_by_value(grad, -5., 5.), var)
                    for grad, var in gradients if grad is not None]
train_op = optimizer.apply_gradients(capped_gradients)
```

◀── 勾配クリッピング

　seq2seqモデルの実装はこれで終わりです。一般的に、モデルは前のリストのようにオプティマイザの設定をしてから訓練の準備を行います。セッションを作成し、訓練データのバッチで`train_op`を実行して、モデルのパラメータを学習します。

　そうそう、訓練データはどこからか手に入れる必要がありますよ！　しかし何千もの入力文と出力文をどうやって手に入れたらよいでしょうか？　心配しなくても大丈夫です。次節できちんと説明します。

11.5　対話データの収集

　Cornell Movie Dialogues コーパス（http://mng.bz/W28O）は、600以上の映画を元にした22万（220,000）以上の会話のデータセットです。公式Webページからzipファイルをダウンロードすることができます。

警告　膨大な量のデータがあるため、アルゴリズムの訓練にはかなり時間がかかることが予想されます。TensorFlowライブラリがCPUのみを使用するように設定されている場合は、訓練に1日以上かかる場合があります。GPUでは、ネットワークの訓練に30分から1時間かかるかもしれません。

　2人の人物（AとB）のちょっとした会話の例は次の通りです。

　　A：They do not!（しないよ！）

　　B：They do too!（するって！）

　　A：Fine.（もういいよ。）

　チャットボットの目的は、あらゆる発話入力に対して知的な出力を生成することであるため、偶発的な対話に基づいて訓練データを構造化します。この例では、対話から次の入力文と出力文のペアが生成されます。

11.5 対話データの収集

- "They do not!" → "They do too!"
- "They do too!" → "Fine."

便宜上、すでにデータを処理してオンラインで利用可能にしています。www.manning.com/books/machine-learning-with-tensorflow または http://mng.bz/wWo0 で見つけることができます。ダウンロードが完了したら、次のリストを実行することができます。これは、`Concept03_seq2seq.ipynb` 以下にある GitHub リポジトリから `load_sentences` というヘルパー関数を使用します。

リスト 11.20　モデルの訓練

```python
input_sentences = load_sentences('data/words_input.txt')      # 入力文を文字列のリストとして読み込む
output_sentences = load_sentences('data/words_output.txt')    # 対応する出力文を同じ方法で読み込む

input_seq = [
    [input_symbol_to_int.get(symbol, input_symbol_to_int['<UNK>'])
        for symbol in line]                                    # 文字数分ループする
    for line in input_sentences                                # 行数分ループする
]

output_seq = [
    [output_symbol_to_int.get(symbol, output_symbol_to_int['<UNK>'])
        for symbol in line] + [output_symbol_to_int['<EOS>']]  # 出力データの最後にEOSシンボルを付加する
    for line in output_sentences                               # 行をループ
]

sess = tf.InteractiveSession()
sess.run(tf.global_variables_initializer())
saver = tf.train.Saver()                                      # 学習したパラメータは保存しておくとよい

for epoch in range(NUM_EPOCS + 1):                            # エポック数だけループする

    for batch_idx in range(len(input_sentences) // BATCH_SIZE):  # バッチ数だけループする

        input_data, output_data = get_batches(input_sentences,   # 現在のバッチにおける入出力ペアを取得する
                                              output_sentences,
                                              batch_idx)

        input_batch, input_lenghts = input_data[batch_idx]
        output_batch, output_lengths = output_data[batch_idx]

        _, cost_val = sess.run(                               # 現在のバッチでオプティマイザを実行する
            [train_op, cost],
            feed_dict={
                encoder_input_seq: input_batch,
                encoder_seq_len: input_lengths,
                decoder_output_seq: output_batch,
                decoder_seq_len: output_lengths
```

```
                }
            )
saver.save(sess, 'model.ckpt')
sess.close()
```

　モデルのパラメータをファイルに保存したので、別のプログラムにモデルのパラメータを読み込んで、新しい入力に対する応答をネットワークに問い合わせることができます。`inference_logits` を実行してチャットボットの応答を取得します。

11.6 まとめ

本章では、実際の seq2seq ネットワークの例を作成し、前章で学習した TensorFlow の知識をすべて実践しました。

- 本書で学んだ TensorFlow の知識をすべて取り入れて seq2seq ニューラルネットワークを構築した。
- TensorFlow で自然言語を埋め込む方法を学んだ。
- より興味深いモデル用に RNN を構成要素として使用した。
- 映画スクリプトの対話例でモデルを訓練した後、チャットボットのようなアルゴリズムを扱い、自然言語の入力から自然言語応答を推論することができた。

12 効用の特徴と活用

12章 効用の特徴と活用

> **本章の内容**
> - 順位付けのためのニューラルネットワークの実装
> - VGG16 による画像埋め込み
> - 視覚化効用

　ルンバのような家庭用掃除ロボットには、世界を見るためのセンサーが必要です。知覚入力を処理する能力によって、ロボットは周りの世界のモデルを調整することができます。掃除ロボットの場合、室内の家具は日々変化する可能性があるため、ロボットは雑然とした環境に適応できる必要があります。

　あなたがいくつかの基本的な技術だけでなく、人間の行動から新しい技術を学ぶ能力を備えた未来的な家庭用ロボットを持っているとしましょう。たとえば、衣服を畳む方法を教えたいとします。

　新しいタスクを達成する方法をロボットに教えるのは難しい問題です。すぐにいくつか疑問が浮かびます：

- ロボットは単純に人間の連続動作を模倣すればよいのか？このようなプロセスは**模倣学習**と呼ばれる。
- ロボットの腕と関節は人間の姿勢とどのように一致するか？このジレンマはしばしば**対応問題**と呼ばれる。

> **演習 12.1** 模倣学習の目的は、動作主の動作シーケンスをロボットが再現することです。理論としては良さそうですが、そのようなアプローチの限界は何でしょうか？
>
> **解答**
> 模倣は人間の動作から学ぶための単純な考え方ですが、エージェントは動作の背後に隠された目標を特定する必要があります。例えば、誰かが衣服を畳むときの目標は衣服を平らで小さくすることで、人間の手の動きとは独立した概念です。なぜ人間が自分の動作を作り出しているのか理解することによって、エージェントは教えられている技術を、より一般化することができます。

　本章では、模倣学習と対応問題の両方を避けながら、人間の模範行動からタスクをモデル化します。これは、状態を受け取りその望ましさを表す実質的な価値を返す関数である**効用関数**を使って、世界の状態を順位付けする方法を学ぶことで実現するでしょう。成功の尺度として模倣を避けるだけでなく、ロボットの行動セットを人間のものにマッピングする複雑さ（対応問題）も回避できます。

次節では、人間の模範動作の動画を通じて得られた世界の状態を利用する効用関数を実装する方法を学習します。学習された効用関数は、嗜好のモデルです。

これからロボットに衣服の畳み方を教える作業を研究します。しわの寄った衣服は、これまでに見たことのない形になっています。図 12.1 に示すように、効用の構造は状態空間のサイズに制限がありません。嗜好モデルは、さまざまな方法で T シャツを畳む人の動画に特化して訓練されます。

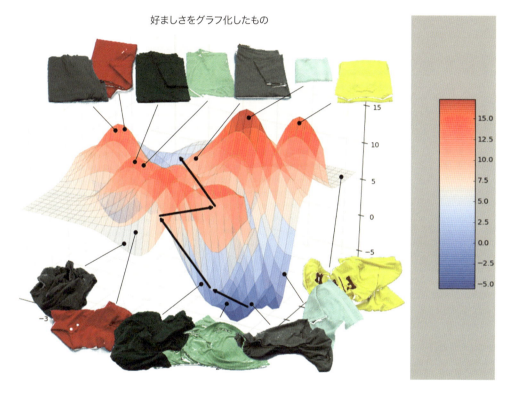

図 12.1　きれいに畳まれた衣服よりも好まれない状態である、しわのある衣服。この図は、衣服の各状態をどのように得点付けするかを示している。より高い得点はより好ましい状態を表す

効用関数は、状態（馴染みのある形に畳まれた T シャツに対して見たことのない形のしわのある T シャツ）をすべて一通り見て一般化し、衣服間に関する知識（T シャツを畳むこととズボンを畳むこと）を再利用します。

良い効用関数の実用的な利用を、以下の議論でさらに例示することができます：実際の状況では、すべての視覚的観察が、タスクの学習に向けて最適化されているわけではありません。技術を示している教師は無関係であるか、不完全であるか、あるいは誤った行動を取るかもしれません。それでも人間は間違いを無視することができます。

ロボットが人間の模範動作を見ているときに、それを達成するための因果関係を理解してほしいと考えます。そこで、ロボットが人間の行動に対し積極的に疑問を持ち対話できるような学習段階を用意し、訓練データを洗練するようにします。

これを達成するには、少数の動画から効用関数を学習し、さまざまな状態の嗜好を順位付けします。次に、人間の模範動作を通じた技術の新しい例がロボットに示されたとき、効用関数用いて予想される効用が時間とともに増加することを検証します。最後に、ロボットが人間の模範動作を中断し、その行動が技術を学ぶために不可欠かどうかを尋ねます。

12.1 嗜好モデル

人間の嗜好は**効用主義**の観点から導き出されたと仮定します。つまり、数字で項目の順位付けを行います。たとえば、さまざまな食品（ステーキ、ホットドック、シュリンプカクテル、ハンバーガーなど）の豪華さを順位付けするために調査したとします。図 12.2 は、食物の対の間における 2 つの順位付けを示しています。豪華さの観点では、予想通りステーキはホットドッグよりも高く、シュリンプカクテルはハンバーガーよりも高く順位付けされています。

図 12.2　ペアごとの順位付けのセット。具体的には、4 つの食品があり、それらを豪華さで順位付けしたいと考えた場合、次の 2 つの順位づけを採用する：ステーキはホットドッグよりも豪華な食事で、シュリンプカクテルはハンバーガーよりも豪華な食事である

幸いなことに、調査対象の個人では項目のすべてのペアを順位付けする必要はありません。例えば、ホットドッグとハンバーガー、ステーキとシュリンプカクテルのどちらが豪華かというのはあまりはっきりしないかもしれません。意見の相違はたくさんあります。

状態 s_1 が別の状態 s_2 より高い効用を持つ場合、対応する順位は $s_1 > s_2$ で表され、s_1 の効用は s_2 の効用よりも大きいことを意味します。

12.1 嗜好モデル

各動画の模範動作には、n 個の状態 $s_0, s_1, .., s_n$ が含まれており、$n(n-1)/2$ 個のペアの順位付け制約があります。順位付けできる独自のニューラルネットワークを実装しましょう。新しいソースファイルを開き、次のリストを使って関連するライブラリをインポートします。好みのペアに基づいて効用関数を学ぶニューラルネットワークを作成しましょう。

リスト 12.1　関連ライブラリのインポート

```python
import tensorflow as tf
import numpy as np
import random

%matplotlib inline
import matplotlib.pyplot as plt
```

効用値に基づいて状態を順位付けするためのニューラルネットワークを学習するには、訓練データが必要です。まずはダミーデータを作成しましょう。後からより現実的なものに置き換えます。リスト 12.2 を使用して図 12.3 の 2 次元データを再現します。

リスト 12.2　ダミーの訓練データの生成

```python
n_features = 2                                    # 2次元データを生成し、
                                                  # 簡単に視覚化することができる
def get_data():
    data_a = np.random.rand(10, n_features) + 1   # より高い効用をもたらす
                                                  # はずの点の集合
    data_b = np.random.rand(10, n_features)       # あまり好ましくない
                                                  # 点の集合
    plt.scatter(data_a[:, 0], data_a[:, 1], c='r', marker='x')
    plt.scatter(data_b[:, 0], data_b[:, 1], c='g', marker='o')
    plt.show()

    return data_a, data_b

data_a, data_b = get_data()
```

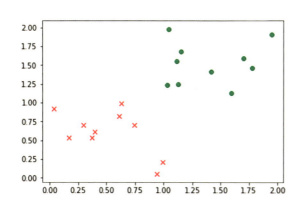

図 12.3　使用するデータの例。○は好ましい状態を表し × は好ましくない状態を表す。データはペアになっているため同じ数の○と × がある。図 12.2 のように、各ペアは順位付けられたものである

次に、ハイパーパラメータを定義する必要があります。このモデルでは、構造は浅くして単純なままにしておきましょう。隠れ層が 1 つだけのネットワークを作成します。隠れ層のニューロン数を指示するのに対応するハイパーパラメータは次の通りです：

```
n_hidden = 10
```

順位付けニューラルネットワークはペアの入力を受けるため、ペアの各部分に 1 つずつ、2 つの独立したプレースホルダが必要です。さらに、ドロップアウトパラメータの値を保持するプレースホルダを作成します。スクリプトに次のリストを追加して続けます。

リスト 12.3　プレースホルダ

```
with tf.name_scope("input"):
x1 = tf.placeholder(tf.float32, [None, n_features], name="x1")
x2 = tf.placeholder(tf.float32, [None, n_features], name="x2")
dropout_keep_prob = tf.placeholder(tf.float32, name='dropout_prob')
```

好ましい点のための入力プレースホルダ

好ましくない点のための入力プレースホルダ

順位付けニューラルネットワークは、隠れ層を 1 つしか持ちません。次のリストでは、重みとバイアスを定義し、2 つの入力プレースホルダのそれぞれでこれらの重みとバイアスを再利用します。

リスト 12.4　隠れ層

```
with tf.name_scope("hidden_layer"):
    with tf.name_scope("weights"):
        w1 = tf.Variable(tf.random_normal([n_features, n_hidden]), name="w1")
        tf.summary.histogram("w1", w1)
        b1 = tf.Variable(tf.random_normal([n_hidden]), name="b1")
        tf.summary.histogram("b1", b1)

with tf.name_scope("output"):
    h1 = tf.nn.dropout(tf.nn.relu(tf.matmul(x1,w1) + b1), keep_prob=dropout_keep_prob)
    tf.summary.histogram("h1", h1)
    h2 = tf.nn.dropout(tf.nn.relu(tf.matmul(x2, w1) + b1), keep_prob=dropout_keep_prob)
    tf.summary.histogram("h2", h2)
```

ニューラルネットワークの目的は、与えられた 2 つの入力の得点を計算することです。次のリストでは、ネットワークの出力層の重み、バイアス、完全に接続された構造を定義します。ペア入力に対する得点を表す 2 つの出力ベクトル s1 と s2 が残っています。

リスト 12.5　出力層

```
with tf.name_scope("output_layer"):
    with tf.name_scope("weights"):
        w2 = tf.Variable(tf.random_normal([n_hidden, 1]), name="w2")
        tf.summary.histogram("w2", w2)
        b2 = tf.Variable(tf.random_normal([1]), name="b2")
        tf.summary.histogram("b2", b2)

    with tf.name_scope("output"):
        s1 = tf.matmul(h1, w2) + b2        ← 入力 x1 の効用値
        s2 = tf.matmul(h2, w2) + b2        ← 入力 x2 の効用値
```

　ニューラルネットワークを訓練するとき、x1 は好ましくない項目含むべきであると仮定します。これは、s1 は s2 よりも低い得点にする、つまり s1 と s2 の差が負でなければならないということです。以下のリストが示すように、損失関数は、ソフトマックス交差エントロピー損失を使用することによって差が負であることを保証しようとします。損失関数を最小化する train_op を定義します。

リスト 12.6　損失とオプティマイザ

```
with tf.name_scope("loss"):
    s12 = s1 - s2
    s12_flat = tf.reshape(s12, [-1])

    cross_entropy = tf.nn.softmax_cross_entropy_with_logits(
                        labels=tf.zeros_like(s12_flat),
                        logits=s12_flat + 1)
    loss = tf.reduce_mean(cross_entropy)
    tf.summary.scalar("loss", loss)

with tf.name_scope("train_op"):
    train_op = tf.train.AdamOptimizer(0.001).minimize(loss)
```

　次はリスト 12.7 に従って、TensorFlow セッションを設定してください。これには、すべての変数を初期化し、サマリーライターを使用して TensorBoard のデバッグを準備することも含まれています。

注意　TensorBoard を初めて紹介したとき、第 2 章の最後でサマリーライターを使用しました。

リスト 12.7　セッションの準備

```
sess = tf.InteractiveSession()
summary_op = tf.summary.merge_all()
writer = tf.summary.FileWriter("tb_files", sess.graph)
init = tf.global_variables_initializer()
sess.run(init)
```

これでネットワークを訓練する準備ができました！ 生成したダミーデータに対して train_op を実行し、モデルのパラメータを学習します。

リスト 12.8　ネットワークの訓練

dropout_keep_prob を 0.5 として訓練を行う

```
for epoch in range(0, 10000):
    loss_val, _ = sess.run([loss, train_op], feed_dict={x1:data_a, x2:data_b,
                            dropout_keep_prob:0.5})
    if epoch % 100 == 0 :
        summary_result = sess.run(summary_op,
                            feed_dict={x1:data_a,
                                       x2:data_b,
                                       dropout_keep_prob:1})
        writer.add_summary(summary_result, epoch)
```

好ましい点
好ましくない点
常に dropout_keep_prob を 1 として訓練を行うべきである

最後に、学習した得点関数を視覚化しましょう。次のリストに示すように、2 次元の点をリストに追加します。

リスト 12.9　テストデータの準備

```
grid_size = 10
data_test = []
for y in np.linspace(0., 1., num=grid_size):
    for x in np.linspace(0., 1., num=grid_size):
        data_test.append([x, y])
```

行をループ
列をループ

テストデータに対して s1 を実行して各状態の効用値を取得し、図 12.4 に示すように視覚化します。視覚化を行うには、次のリストを使用します。

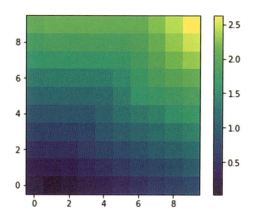

図12.4 順位付けニューラルネットワークによって得られた得点の視覚化

> **リスト 12.10　結果を視覚化する**

```
def visualize_results(data_test):
plt.figure()
scores_test = sess.run(s1, feed_dict={x1:data_test, dropout_keep_prob:1})
scores_img = np.reshape(scores_test, [grid_size, grid_size])
plt.imshow(scores_img, origin='lower')
plt.colorbar()
visualize_results(data_test)
```

12.2 画像埋め込み

　第11章では、ニューラルネットワークにいくつかの自然言語文を与えてみました。それは文中の単語や文字をベクトルなどの数値形式に変換する方法でした。たとえば、各記号（単語や文字）は、検索テーブルを使用してベクトルに埋め込まれました。

> **演習 12.2**　記号をベクトル表現に変換する検索テーブルは、なぜ埋め込み行列と呼ばれるのですか？
>
> **解答**
> 記号がベクトル空間に埋め込まれているからです。

　幸いにも、画像はすでに数値形式になっています。それらはピクセルの行列として表されます。画像がグレースケールである場合、ピクセルは明度を示すスカラー値を取ると考えられます。カラー画像の場合、各ピクセルはカラー強度（通常は赤、緑、青の3つ）を表します。いずれの場合も、TensorFlowではテンソルなどの数値データ構造で画像を簡単に表現することができます。

> **演習 12.3** 椅子などの家庭用品の写真を撮ってください。その画像を物体が識別できなくなるまで縮小します。どれくらいまで画像を縮小できるでしょうか？ 元の画像のピクセル数と小さい画像のピクセル数の比はいくらですか？この比率は、データの冗長性の大まかな尺度になります。
>
> **解答**
> 一般的な 5MP カメラは 2560×1920 の解像度で画像を生成しますが、縦横 40 分の 1（解像度 64×48）に縮小しても、その画像の内容はまだ解読可能です。

大きな画像、例えば 1280×720（ほぼ 100 万画素）をニューラルネットワークに与えると、パラメータ数は増加し、結果としてモデルが過学習を起こすリスクが大きくなります。画像内のピクセルは非常に冗長であるため、どうにかして画像の特質をより簡潔な表現で捉える必要があります。図 12.5 は、畳まれた衣服の画像を 2 次元の埋め込みで作成したデータの分布を示しています。

衣服画像の2次元埋め込み

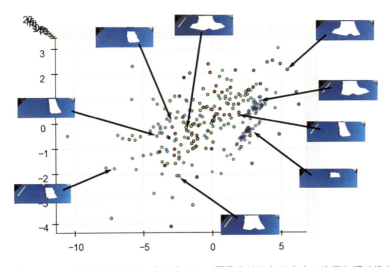

図 12.5 ここに示す 2D データのように、画像をはるかに小さい次元に埋め込むことができる。シャツの類似の状態を表す点が近くの領域にあることに注意する。画像を埋め込むことで順位付けニューラルネットワークを使用して衣服の状態間の遠近感を知ることができる

第 7 章では、自動エンコーダを使って画像の次元を減らす方法を見てきました。画像の低次元埋め込みを行う別の一般的な方法は、深層畳み込みニューラルネットワーク画像分類器の最後から 2 番目の層を使用することです。後者について詳しく説明しましょう。

深層画像分類器を設計、実装、学習することは本章の主な焦点ではないため（第 9 章の CNN を参照）、既製のモデルを使用します。多くのコンピュータビジョン研究論文が引用する一般的な画像分類器は、VGG16 と呼ばれています。

TensorFlow には、VGG16 のオンライン実装が多数存在します。Davi Frossard (http://www.cs.toronto.edu/~frossard/post/vgg16/) のものを使用することをお勧めします。TensorFlow コードの vgg16.py とモデルパラメータが設定された vgg16_weights.npz を彼のウェブサイトから手に入れるか、書籍のウェブサイト (http://www.manning.com/books/machine-learning-with-tensorflow) または GitHub リポジトリ (https://github.com/BinRoot/TensorFlow-Book) からダウンロードしてください。

図 12.6 は、Frossard のページにある VGG16 ニューラルネットワークの図です。ご覧のとおり、これは深層ニューラルネットワークであり、多くの畳み込み層があります。最後のいくつかは完全に接続された通常の層で、最後の出力層はマルチクラス分類確率を示す 1000 次元のベクトルです。

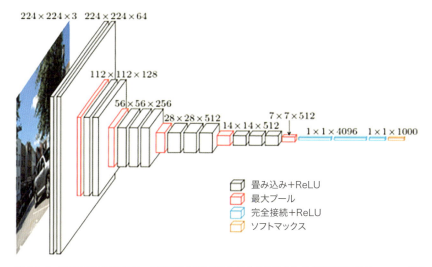

図 12.6　VGG16 の構造は、画像を分類するために使用される深層畳み込みニューラルネットワークである。この図は www.cs.toronto.edu/~frossard/post/vgg16/ からの転載である

他の人のコードを使いこなす方法を学ぶのは不可欠な技術です。まず、vgg16.py と vgg16_weights.npz がダウンロードされていることを確認し、python g16.pymy_image.png を用いてコードを実行できることをテストします。

注意　VGG16 のデモコードを問題なく実行するには SciPy と Pillow をインストールする必要があります。両方とも pip でダウンロードできます。

TensorBoardを追加して、このコードで何が起きているのかを視覚化しましょう。main 関数では、セッション変数 sess を作成した後、次のコード行を挿入します。

```
y_writer = tf.summary.FileWriter('tb_files', sess.graph)
```

再度（`python vgg16.py my_image.png`）分類器を実行すると、TensorBoardで使用されるtb_filesという名前のディレクトリが生成されます。TensorBoardを実行すると、ニューラルネットワークの計算グラフを視覚化できます。次のコマンドでTensorBoardを実行します。

```
$ tensorboard --logdir=tb_files
```

ブラウザでTensorBoardを開き、グラフタブに移動して図12.7のような計算グラフを表示します。一目見ただけでネットワークに関係する層の種類がわかります。最後の3つの層は、fc1, fc2, fc3というラベルの付いた完全に密に結合された層です。

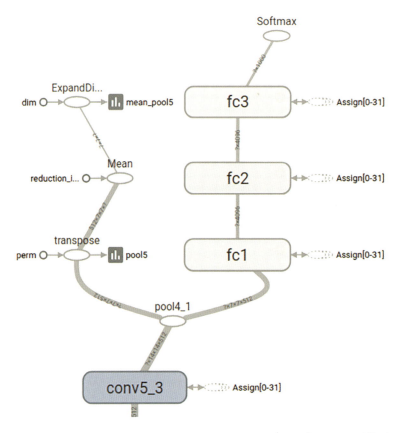

図 12.7　VGG16 ニューラルネットワークの TensorBoard に表示される計算グラフの構成。一番上のノードは、分類に使用されるソフトマックス（softmax）演算。3つの完全に接続された層にはfc1, fc2, fc3というラベルが付けられている

12.3 画像の順位付け

前節の VGG16 コードを使用して、画像のベクトル表現を取得します。そうすることで、12.1 節で設計した順位付けニューラルネットワークで 2 つの画像を効率的に順位付けできます。

図 12.8 に示すような、シャツを畳む動画を考えてみてください。フレームごとに動画を処理し、画像の状態を順位付けします。このようにして、アルゴリズムは未知の状況でも衣服を畳むという目標に達したかどうかを理解することができます。

図 12.8　シャツを畳む動画は、時間の経過とともに衣服がどう変化するかを示している。シャツの最初の状態と最後の状態を訓練データとして抽出し、状態を順位付けする効用関数を学習することができる。各動画の最終的なシャツの状態は、動画の始め近くのシャツの状態よりも高い効用で順位付けされるべきである

まず、http://mng.bz/eZsc から衣服を畳むデータ一式をダウンロードします。zip ファイルを展開してください。どこに展開するかは記録しておきましょう。コードリストの DATASET_DIR という場所を開きます。

新しいソースファイルを開き、まず Python で関連するライブラリをインポートします。

リスト 12.11　ライブラリのインポート

```
import tensorflow as tf
import numpy as np
from vgg16 import vgg16
import glob, os
from scipy.misc import imread, imresize
```

各動画について、最初と最後の画像を覚えておきます。最後の画像が最初の画像よりも高い優先度を持つと仮定することで順位付けアルゴリズムを訓練することができます。言い換えると、衣服を畳む場合の最後の状態は、最初の状態よりも価値の高い状態になるということです。次のリストは、データをメモリにロードする方法の例を示しています。

リスト 12.12　訓練データの準備

```
DATASET_DIR = os.path.join(os.path.expanduser('~'), 'res',
                           'cloth_folding_rgb_vids')
NUM_VIDS = 45

def get_img_pair(video_id):
    img_files = sorted(glob.glob(os.path.join(DATASET_DIR, video_id,
                       '*.png')))
    start_img = img_files[0]
    end_img = img_files[-1]
    pair = []
    for image_file in [start_img, end_img]:
        img_original = imread(image_file)
        img_resized = imresize(img_original, (224, 224))
        pair.append(img_resized)
    return tuple(pair)

start_imgs = []
end_imgs= []
for vid_id in range(1, NUM_VIDS + 1):
    start_img, end_img = get_img_pair(str(vid_id))
    start_imgs.append(start_img)
    end_imgs.append(end_img)
print('Images of starting state {}'.format(np.shape(start_imgs)))
print('Images of ending state {}'.format(np.shape(end_imgs)))
```

- 読み込む動画の数
- ダウンロードしたファイルのディレクトリ
- 動画の最初と最後の画像を得る

リスト 12.12 を実行すると、次のような出力が得られます：

```
Images of starting state (45, 224, 224, 3)
Images of ending state (45, 224, 224, 3)
```

次のリストを用いて、埋め込む画像の入力プレースホルダを作成します。

リスト 12.13　プレースホルダ

```
imgs_plc = tf.placeholder(tf.float32, [None, 224, 224, 3])
```

リスト 12.3〜12.7 から順位付けニューラルネットワークのコードをコピーします。画像を順位付けするために再利用します。次に、以下のリストでセッションを準備します。

リスト 12.14　セッションの準備

```
sess = tf.InteractiveSession()
sess.run(tf.global_variables_initializer())
```

次に、コンストラクタを呼び出して VGG16 モデルを初期化します。そうすると、次に示すようにディスクからメモリにすべてのモデルパラメータが読み込まれます。

リスト 12.15　VGG16 モデルの読み込み

```
print('Loading model...')
vgg = vgg16(imgs_plc, 'vgg16_weights.npz', sess)
print('Done loading!')
```

次に、順位付けニューラルネットワークの訓練とテストのデータを用意しましょう。リスト 12.16 に示すように、VGG16 モデルに画像を送り、画像の埋め込みを取得するために、出力の近くの層（この場合は fc1）にアクセスします。

最終的に、画像は 4,096 次元に埋め込まれます。合計 45 本の動画があるので、訓練用とテスト用の 2 つに分割します：

- 訓練
    - 開始フレームサイズ：(33, 4096)
    - 終了フレームサイズ：(33, 4096)
- テスト
    - 開始フレームサイズ：(12, 4096)
    - 終了フレームサイズ：(12, 4096)

リスト 12.16　順位付け用のデータの準備

```
start_imgs_embedded = sess.run(vgg.fc1, feed_dict={vgg.imgs: start_imgs})
end_imgs_embedded = sess.run(vgg.fc1, feed_dict={vgg.imgs: end_imgs})

idxs = np.random.choice(NUM_VIDS, NUM_VIDS, replace=False)
train_idxs = idxs[0:int(NUM_VIDS * 0.75)]
test_idxs = idxs[int(NUM_VIDS * 0.75):]

train_start_imgs = start_imgs_embedded[train_idxs]
train_end_imgs = end_imgs_embedded[train_idxs]
test_start_imgs = start_imgs_embedded[test_idxs]
test_end_imgs = end_imgs_embedded[test_idxs]

print('Train start imgs {}'.format(np.shape(train_start_imgs)))
print('Train end imgs {}'.format(np.shape(train_end_imgs)))
print('Test start imgs {}'.format(np.shape(test_start_imgs)))
print('Test end imgs {}'.format(np.shape(test_end_imgs)))
```

順位付けのための訓練データ準備が整ったら、train_op を epoch 回数分実行しましょう。ネットワークを訓練した後、テストデータでモデルを実行して結果を評価します。

リスト 12.17　順位付けネットワークの訓練

```
train_y1 = np.expand_dims(np.zeros(np.shape(train_start_imgs)[0]), axis=1)
train_y2 = np.expand_dims(np.ones(np.shape(train_end_imgs)[0]), axis=1)
for epoch in range(100):
    for i in range(np.shape(train_start_imgs)[0]):
        _, cost_val = sess.run([train_op, loss],
                               feed_dict={x1: train_start_imgs[i:i+1,:],
                                          x2: train_end_imgs[i:i+1,:],
                                          dropout_keep_prob: 0.5})
    print('{}. {}'.format(epoch, cost_val))
    s1_val, s2_val = sess.run([s1, s2], feed_dict={x1: test_start_imgs,
                                                   x2: test_end_imgs,
                                                   dropout_keep_prob: 1})
    print('Accuracy: {}%'.format(100 * np.mean(s1_val < s2_val)))
```

　時間の経過とともに精度が 100% に近づくことに注意してください。順位付けモデルは、動画の終わりで得られる画像が最初の方の画像よりも好ましいことを学習します。

　ちょっとした好奇心ですが、図 12.9 に示すように、1 つの動画の時間経過に伴う効用をフレームごとに見てみましょう。図 12.9 を再現するコードでは、リスト 12.18 に示すように、動画内の全画像を読み込む必要があります。

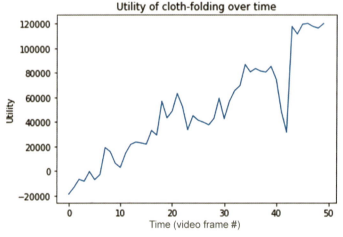

図 12.9　時間の経過と共に効用が増加し、目標が達成されていることを示す。動画の開始付近での衣服の効用は 0 に近いが、最終的に 12 万 (120,000) 単位にまで劇的に増加している

リスト 12.18　動画から画像シーケンスを準備する

```
def get_img_seq(video_id):
    img_files = sorted(glob.glob(os.path.join(DATASET_DIR, video_id,
                       '*.png')))
    imgs = []
    for image_file in img_files:
        img_original = imread(image_file)
        img_resized = imresize(img_original, (224, 224))
        imgs.append(img_resized)
    return imgs

imgs = get_img_seq('1')
```

VGG16 モデルを使用して画像を埋め込み、次のリストに示すように、順位付けネットワークを実行して得点を計算することができます。

リスト 12.19　画像の効用の計算

```
imgs_embedded = sess.run(vgg.fc1, feed_dict={vgg.imgs: imgs})
scores = sess.run([s1], feed_dict={x1: imgs_embedded,
                                   dropout_keep_prob: 1})
```

図 12.9 を再現するために結果を視覚化しましょう。

リスト 12.20　効用値の視覚化

```
from matplotlib import pyplot as plt
plt.figure()
plt.title('Utility of cloth-folding over time')
plt.xlabel('time (video frame #)')
plt.ylabel('Utility')
plt.plot(scores[-1])
```

12.4　まとめ

- 物体をベクトルとして表現し、そのベクトルに対して効用関数を学習することで、状態を順位付けすることができる。
- 画像には冗長なデータが含まれているため、VGG16 ニューラルネットワークを使用してデータの次元を縮小し、実際の画像で順位付けネットワークを使用できるようにした。
- 動画の模範動作が衣服の効用を高めることを確認するために、動画の時間経過に伴う画像の効用を視覚化する方法を学んだ。

TensorFlow の旅はこれで終わりです！　12 の章を通してさまざまな角度から機械学習について学びましたが、それに加えてこれらの技術を修得するために必要な概念も学びました：

- 任意の現実世界の問題を機械学習の枠組みに定式化する
- 多くの機械学習問題の基礎を理解する
- TensorFlowを使用してこれらの機械学習問題を解決する
- 機械学習アルゴリズムを視覚化し、言葉を話す

12.5 次にすべきことは？

本書で解説してきた概念は時代を超越していくものでから、コードリストも相応のものでなければなりません。最新のライブラリ呼び出しと構文を保証するため、Googleでは https://github.com/BinRoot/TensorFlow-Book で GitHub リポジトリを積極的に管理しています。コミュニティに参加し、バグの報告や、プルリクエストを送信してください。

ヒント TensorFlow は急速に発展しているため、常により多くの機能が利用可能になっています！

もっと TensorFlow の勉強がしたいという方のために、興味を持っていただけそうなものを挙げておきます：

- **強化学習**（**RL**: Reinforcement learning） — Arthur Juliani による、TensorFlow での強化学習の使用に関する詳細なブログ集：http://mng.bz/C17q

- **自然言語処理**（**NLP**: Natural language processing） — Thushan Ganegedara による、自然言語処理における最新のニューラルネットワークアーキテクチャを学ぶのに必須の TensorFlow ガイド：http://mng.bz/2Kh7

- **敵対的生成ネットワーク**（**GAN**: Generative adversarial networks） — AYLIEN の John Glover による、（TensorFlow を用いた）機械学習における生成モデル対識別モデルの入門的研究：http://mng.bz/o2gc

- **Web ツール** — データの流れを視覚化するためのシンプルなニューラルネットワークの研究：http://playground.tensorflow.org

- **動画講義** — TensorFlow を使用した基本的な紹介と実践的なデモ。Google Cloud Big Data and Machine Learning Blog：http://mng.bz/vb7U

- **オープンソースプロジェクト** — GitHub 上にある、最新の TensorFlow プロジェクト：http://mng.bz/wVZ4

付録
インストール

いくつかの方法でTensorFlowをインストールできます。本書では特に断りのない限り、すべての章でPython 3を使用することを前提としています。コードリストはTensorFlow v1.0に準拠していますが、付属のGitHubソースコードは常に最新のバージョン（https://github.com/BinRoot/TensorFlow-Book/）になっています。この付録では、Windowsを含むすべてのプラットフォームで動作するインストール方法のうちの1つを説明します。UNIXベースのシステム（LinuxやmacOSなど）に精通している場合は、公式ドキュメント（www.tensorflow.org/get_started/os_setup.html）のインストール方法をご利用ください。

難しい話は抜きにして、早速Dockerコンテナを用いてTensorFlowをインストールしましょう。

A.1 Dockerを使用したTensorFlowのインストール

Dockerは、ソフトウェアの依存関係をパッケージ化し、すべてのインストール環境を同一に保つためのシステムです。この標準化はコンピュータ間の不一致の軽減に貢献しています。これは比較的最近の技術ですので、使用方法を見てみましょう。

ヒント Dockerコンテナを使用する以外にも、TensorFlowをさまざまな方法でインストールできます。TensorFlowのインストールの詳細については、公式ドキュメントをご覧ください：www.tensorflow.org/get_started/os_setup.html

---

A.1.1 Windows上でDockerをインストールする

Docker for WindowsをインストールするにはHyper-V搭載の64ビットWindows 10 Proが必要ですが、Docker Toolboxは、仮想化を有効にした64ビットWindows（7以上）で動作します。幸いにも、ほとんどのノートやデスクトップのPCはこの要件を簡単に満たします。コンピュータがDockerをサポートしているかどうかを確認するには、コントロールパネルを開き、システムとセキュリティをクリックし、システムをクリックします。ここではプロセッサとシステムの種類など、Windowsマシンの詳細を確認できます。システムが64ビットであれば、まず問題ないでしょう。

次は、プロセッサが仮想化をサポートできるかどうか確認します。Windows 8以降では、タスクマネージャ（Ctrl-Shift-Esc）を開いて［パフォーマンス］タブをクリックできます。仮想化が有効になっていれば、すべて設定されています（図A.1を参照）。Windows 7では、Microsoftハードウェア仮想化検出支援ツール（Hardware-Assisted Virtualization Detection Tool: http://mng.bz/cBlu）を使用する必要があります。

お使いのコンピュータがDockerをサポートできるかどうかがわかったら、早速Dockerをダウンロードしましょう。本書ではDocker Toolboxをインストールします。https://docs.docker.com/toolbox/toolbox_install_windows/ からダウンロードしたセットアップ実行ファイルを実行し、ダイアログボックスで［次へ］をクリックしてすべての既定値を受け入れます。ツールボックスをインストールしたら、Docker Quickstart Terminalを実行します。

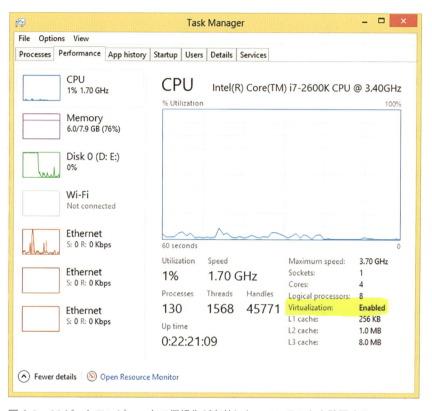

図A.1 64ビットコンピュータで仮想化が有効になっていることを確認する

A.1.2 Linux上でDockerをインストールする

DockerはいくつかのLinuxディストリビューションで正式にサポートされています。公式のDockerのドキュメント（https://docs.docker.com/engine/installation/linux/）には、CentOS、Debian、Fedora、Oracle Linux、Red Hat Enterprise Linux、SUSE Linux Enterprise Server、Ubuntuと記されています。DockerはLinuxにおいてネイティブですので、通常は問題なくインストールできます。

A.1.3　MacOS 上で Docker をインストールする

Docker は MacOS 10.8 Mountain Lion 以上で動作します。Docker Toolbox を https://docs.docker.com/toolbox/toolbox_install_mac/ からインストールします。インストール後、アプリケーションフォルダまたは Launchpad から Docker Quickstart Terminal を開きます。

A.1.4　Docker の使い方

Docker Quickstart Terminal を起動します。次に図 A.2 に示すように、Docker ターミナルで次のコマンドを使って TensorFlow バイナリイメージを起動します。

```
$ docker run -p 8888:8888 -p 6006:6006 gcr.io/tensorflow/tensorflow
```

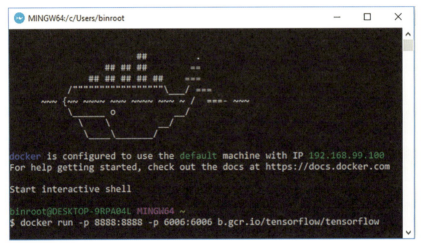

図 A.2　公式の TensorFlow コンテナの実行

TensorFlow は、ローカル IP アドレス経由で Jupyter Notebook からアクセスできるようになりました。IP は、図 A.3 に示すように、`docker-machine ip` コマンドを使用して見つけることができます。

ブラウザを開いて http://<あなたの IP アドレス>:8888 に移動し、TensorFlow の使用を開始します。筆者の場合、URL は http://192.168.99.100:8888 でした。図 A.4 は、ブラウザからアクセスできる Jupyter Notebook を示しています。

Ctrl + C キーを押すか、ターミナルウィンドウを閉じて Jupyter Notebook の実行を停止することができます。再実行するには、本節の手順を再度実行します。

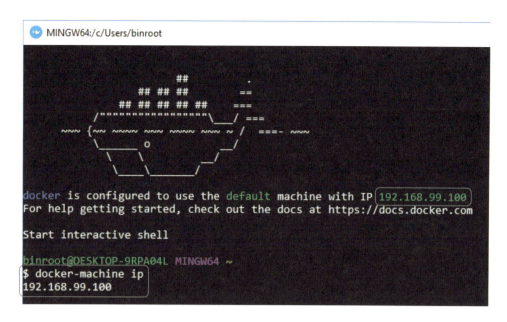

図 A.3 Docker の IP アドレスは、docker-machine ip コマンドを使用して検索するか、クジラのアスキーアートの下部に書かれている

図 A.4 Jupyter という Python インターフェイスを使って TensorFlow を対話的に扱うことができる

図A.5のようなエラーメッセージが表示された場合、Dockerは既にそのポート上のアプリケーションを使用しています。

```
binroot@DESKTOP-9RPA04L MINGW64 ~
$ docker run -p 8888:8888 -p 6006:6006 b.gcr.io/tensorflow/tensorflow
C:\Program Files\Docker Toolbox\docker.exe: Error response from daemon:
driver failed programming external connectivity on endpoint tender_allen
 (ab6dcf2455a5704f8f2911ac53ea946deb3ed939864c30e8fe867c2f5c88a63d): Bin
d for 0.0.0.0:8888 failed: port is already allocated.
```

図A.5　TensorFlowコンテナ実行時のエラーメッセージ

この問題を解決するには、ポートを切り替えるか、アクセスしているDockerコンテナを終了します。図A.6は、`docker ps`を使用してすべてのコンテナを一覧表示し、`docker kill`を使用してコンテナを強制終了する方法を示しています。

```
binroot@DESKTOP-9RPA04L MINGW64 ~
$ docker ps
CONTAINER ID        IMAGE
62904e0a4489        b.gcr.io/tensorflow/tensorflow

binroot@DESKTOP-9RPA04L MINGW64 ~
$ docker kill 62904e0a4489
62904e0a4489
```

図A.6　図A.5のエラーメッセージを取り除くためのDockerコンテナのリスト表示と終了

A.2 Matplotlibのインストール

Matplotlibは、データを2Dプロットして視覚化するためのクロスプラットフォームのPythonライブラリです。コンピュータがTensorFlowを正常に実行できる場合はMatplotlibのインストールに問題ないでしょう。http://matplotlib.org/users/installing.htmlの公式ドキュメントに従ってインストールしてください。

索引

数字・英字

*（スター）	55
1次元ロジスティック回帰	84
1対全	92
1対1	92
2クラス分類器	72, 75
2次元ロジスティック回帰	87
AdamOptimizer	185
AlphaGo Zero	167
BasicLSTMCell	193
BMU	112
BregmanToolkit	103
CIFAR-10	148, 173
CNN	121, 170
conv2d 関数	179
DNA	130
Docker	242
embedding_lookup 関数	211
EM アルゴリズム	19
eval()	34
GAN	240
Ground-truth	6
HMM	121
ImageNet	148
import	27
JPG	101
Jupyter	38
k 平均アルゴリズム	106
k 平均法	100
L0、L1、L2 ノルム	15
LSTM	192
LSTMCell クラス	206
L-無限大ノルム	16
maxpool 関数	181
MDP	157
MFCCs	199
ML	4
MP3	101, 141
ndarray	30
NLP	210
Notebook	38
NumPy	26
n 次多項式	62
PCA	19
PNG	101
Python 2	103
Python コード	26
Q 学習決定ポリシー	165
Q 関数	157, 162
ReLU	137
relu 関数	179
RL	155
RNN	190, 203
ROC 曲線	77, 78
scikit-learn	66
seq2seq	204, 209
slice 関数	126
softmax_cross_entropy_with_logits	185
SOM	112
Summary 演算子	46
TensorBoard	21, 44, 229
TensorFlow	4, 21
tf エイリアス	28
tf.constant 演算子	31
tf.convert_to_tensor()	30
tf.Session()	34
Theano	21
train_op	230
VGG16	223
WAV	101
word2vec	212

yahoo_finance ライブラリ ……………… 160

あ行

アクション	20, 155
閾値	80
遺伝的アルゴリズム	18
インストール	242
埋め込み	206, 215
エージェント	20, 155
エポック	59
エンコード	140
演算子	31, 33
オーディオフォーマット	141
オプティマイザ	185
音声	102
音声ファイル	101

か行

回帰	54
回帰アルゴリズム	56
会話のデータセット	219
ガウス分布（正規分布）	33, 36
過学習	57
学習	9
学習と推論	8
隠れ層	140
隠れニューロン	140
隠れマルコフモデル	120, 124, 130
画像	131
型	9
活性化関数	137
株式	159
環境と行動	20
偽陰性（FN）	76
機械学習	4
帰納学習	5
帰納的	8
強化学習	20, 154

教師あり学習	17
教師なし学習	19, 100
偽陽性（FP）	76
行優先配列	147
行列	10, 28
局面下面積（AUC）	77
偶数・奇数	6
クラスタ	106
クラスタリング	19, 100
クラス分類	72
グラフ	10
グラフの辺	36
グランドトゥルース	6, 17
クロマグラム	103
訓練データセット	17
ゲーム	167
高速フーリエ変換	103
勾配クリッピング	219
勾配降下	18
効用関数	157, 224
国際航空会社の乗客データ	196
コスト	18
コスト関数	59
語の並び	202
混同行列	75

さ行

再帰型ニューラルネットワーク	190, 192
最小コスト	18
最大プール	181
最適	58
最適な点	85
最適ポリシー	156
サマリーライター	229
シーケンス	206
シーケンス変換	204
シグモイド関数	82, 137
次元	9
次元削減	19

自己組織化マップ	100, 112	ダミー変数	74
指数平均法	44	単語	212
自然言語処理	210, 240	探索と収穫のジレンマ	154
自動エンコーダー	19, 140	チャットボット	202
自動判別機能	21	長期短期記憶	192
重心	107	定数	37
従属変数	73	データフローグラフ	36
周波数領域	103	敵対的生成ネットワーク	240
出現確率行列	128	デコード	141
状態	20, 122	テンソル	28
状態空間	155	テンソルの型	31
状態の価値	20	テンソルフロー	4
初期確率	126	同一性	11
初期確率ベクトル	128	動画	130
真陰性 (TN)	76	動的プログラミング	126
真陽性 (TP)	76	特徴ベクトル	8, 14
推論	9	特徴量設計	10
ストライド長	172	独立変数	73
正規化線形関数	137	凸面	84
正則化	65	トレリス線図	123
精度	75	ドロップアウト	187
積層自動エンコーダ	142, 151	貪欲法	156
セグメンテーション	109		
セグメント	109	## な・は行	
セッション	34, 36		
セル	39	内積 (ドット積)	26
遷移確率行列	128	ニューラルネットワーク	21, 136
線形回帰	59, 69	ノイズ除去自動エンコーダ	151
線形決定境界	84	ノード	10
線形モデル	137	バイアス	57
双曲線正接	137	ハイパーパラメータ	18
ソフトマックス回帰	73, 92	外れ値	82
損失関数	229	パターン検出	5
		バッチ訓練	145
## た行		バッチラーニング	95
		パラメータ	7, 41, 54
対応問題	224	バリアンス	57
多項式モデル	62	ピクセル値	147
畳み込みニューラルネットワーク	121, 170	ビタビ復号アルゴリズム	129
畳み込む	172	フィーチャーエンジニアリング	10

フィルタ	176	未学習	57
ブラックボックス	7	メタパラメータ	18
プレースホルダ	37	メル周波数ケプストラム係数	199
文	202	文字	212
分類	202	モデル	7, 8, 17, 54
ベイジアンネットワーク	151	模倣学習	224
ベクトル	9	焼きなまし法	18
ベストマッチングユニット	112	ユークリッド距離	15
辺	10		
変数	37, 43		
変分自動エンコーダ	151	## ら行	
報酬	20, 156	ランク（テンソル）	29
ポリシー	156	ランダムポリシー	157
		ランプ関数	137
## ま・や行		離散フーリエ変換	103
前向きアルゴリズム	126	ロジスティック回帰	73, 82
前向きステップの実行	127	ロボット制御	168
マルコフ決定プロセス	157	割引係数	158
マルコフ性	121	ワンホットエンコーディング	74, 93, 185
マルコフモデル	123	ワンホットベクトル	203
マルチクラス分類器	72, 91		
マンハッタン距離	16		

[著者について]
Nishant Shukla（ニシャン・シュクラ、http://shukla.io） はロボティクスによるコンピュータビジョンと機械学習に関する、UCLA の博士研究員。
バージニア大学でコンピューターサイエンスの学士号と数学の学士号を取得。
Hack.UVA (http://hackuva.io) の創設メンバーで、Haskell の講義 (http://shuklan.com/haskell) を幅広く行った。Microsoft、Facebook、Foursquare の開発者、SpaceX の機械学習エンジニアとして働き、Haskell Data Analysis Cookbook (http://haskelldata.com) の著者。分析化学から自然言語処理に関する研究論文を発表している (http://mng.bz/e9sk)。自由時間には"カタンの開拓者たち"(The Settlers of CATAN) や"グウェント"(Gwent) を楽しみ、時折敗北を味わう。

[訳者プロフィール]
岡田佑一（おかだゆういち）
学生時代はニューラルネットワークと統計学に関する研究を行う。2013 年以降はプログラミングの問題を多数作成し、延べ 10,000 人以上からの解答コードに対して評価・コメントし、解説記事等の執筆活動も行っている。現在は小さな学習塾を営みつつ、組み合わせ最適化に関する研究を行う。著書に『ショートコーディング　職人達の技法』、訳書に『世界で闘うプログラミング力を鍛える本』、執筆協力に『プログラミングコンテスト攻略のためのアルゴリズムとデータ構造』(以上、マイナビ出版)。

[STAFF]
デザイン　　　アピア・ツウ
制作　　　　　島村龍胆
編集担当　　　山口正樹

TensorFlowで学ぶ
機械学習・ニューラルネットワーク

2018年 4月25日 初版第1刷発行

著　者　　Nishant Shukla
訳　者　　岡田佑一
発行者　　滝口直樹
発行所　　株式会社 マイナビ出版
　　　　　〒101-0003 東京都千代田区一ツ橋2-6-3 一ツ橋ビル 2F
　　　　　TEL：0480-38-6872（注文専用ダイヤル）
　　　　　　　 03-3556-2731（販売）
　　　　　　　 03-3556-2736（編集）
　　　　　E-mail: pc-books@mynavi.jp
　　　　　URL：http://book.mynavi.jp
印刷・製本　シナノ印刷 株式会社

ISBN978-4-8399-6474-0

・定価はカバーに記載してあります。
・乱丁・落丁についてのお問い合わせは、TEL：0480-38-6872（注文専用ダイヤル）、電子メール：sas@mynavi.jpまでお願いいたします。
・本書掲載内容の無断転載を禁じます。
・本書は著作権法上の保護を受けています。本書の無断複写・複製（コピー、スキャン、デジタル化等）は、著作権法上の例外を除き、禁じられています。
・本書についてご質問等ございましたら、マイナビ出版の下記URLよりお問い合わせください。お電話でのご質問は受け付けておりません。また、本書の内容以外のご質問についてもご対応できません。
　https://book.mynavi.jp/inquiry_list/